1970年代 横浜・横須賀 外車ストリート

高木 紀男 写真・文

CG BOOKS

1970年代 横浜・横須賀 外車ストリート

目次

8 | 高木さんの写真の中の横浜——伊東和彦

12 | **横浜の想い出**——高木紀男
　　　フェンスの向こうのアメリカ——横浜本牧　　14
　　　横浜本牧　ネイビー・エクスチェンジ駐車場——70年〜75年　　18
　　　横浜市内　　34
　　　本牧　海浜住宅　　38
　　　横浜港ノースピア——埠頭にはまだアメリカの香りが漂っていた　　40

54 | **横須賀基地を訪ねる**
　　　初めての横須賀　　56
　　　横須賀　海軍基地　　58
　　　在日米海軍司令部　　60
　　　ドック周辺　　70
　　　さまざまな施設が集まるカミッサリー　　81
　　　ハウジングエリア　　88

高木さんの写真の中の横浜

伊東和彦

　本書は、2003年3月に小社から刊行された『東京外車ワールド——1950〜1960年代 ファインダー越しに見たアメリカの夢』の続編である。前作は東京都日野市在住の歯科医師である高木紀男さんが、1950年代から1960年代に、立川にある在日米軍基地周辺と、都心部で撮影した写真を収めた。これに対し本書は10〜20年ほど後の1970年代に、高木氏が撮影した横浜と横須賀の写真を集めたものである。

　本書が誕生する切っ掛けとなったのは、前作『東京外車ワールド』が刷り上がり、お借りした写真を返却するために、高木さんのお宅に伺った時のことだ。これを見ませんかと出されたのが、1970年代に撮影された横浜と横須賀のたくさんの写真だった。横浜に生まれ育った私のために、高木さんが用意してくれていたのだ。まさに私が過ごした街の情景と時間がそこには写っていた。

　横浜には米軍専用の埠頭や住宅が、横須賀には言わずと知れた大きな海軍基地があり、そこには米軍関係のクルマが多く集まった。高木さんもそうしたクルマの姿を撮影すべく横浜や横須賀を訪れた。だが、1950年代や60年代には、基地周辺ではなきに等しかった日本車の比率が、70年代には高度成長と日本の自動車産業の発展にともない飛躍的に高まるいっぽう、対して外車の数は減っていった。実際、写真の中にも数多くの日本車が脇役として登場する。ここに収められた写真のフォーカスはもちろんクルマに向けられているのだが、その背景にはこうした当時の世情が写りこんでいる。つまりクルマを通して、その時代の様子を知ることのできる貴重な文化資料だと言えるだろう。

　今から考えれば横浜は路面電車（市電）が発達していたと思う。私が中学生だった1970年代初頭には、すでに交通渋滞の元凶として市電の廃止が始まっていたが、それでもまだまだ市電が便利な足であることには変わりなかった。中学生の小遣いでも大きな負担にならず、気軽にどこにでも行くことができた。

　中学生の私にとっては、東京は簡単に行くことができたけれども遠く感じられ、行動範囲は神奈川県内に限られていたように思う。特別な用事でもなければ、まず東京には出かけなかった。あるとき、友人に誘われ、意を決するようにカメラを持って六本木に行った時のことを今でもよく覚えている。地下鉄の駅から地上に出たとたん、いきなりメタリックブルーも鮮やかな最新のシェルビー・マスタングGTに出くわして、東京は凄いなと感心した。そうした大きな収穫があっても、なかなか東京には足が向かなかった。

　めずらしいクルマを見るなら、東京に行かなくても横浜ですべてが済んだような気がしたのも事実だった。神奈川県にも病院、港、飛行場、食料プラントなど、多くの米軍施設が存在し、とりわけ横浜中心部の一等地には米軍用の住宅が大きな面積を占めていたからだろうか。あるとき市電の中から、金網で仕切られた本牧の米軍住宅の中をシルバーのジャガーXK120がゆっくりと走っているのを見かけた。それ以前にもEタイプを見たことはあったが、初めて見た優美なクラシック・ジャガーの姿は衝撃的だった。そうやって改めて周囲を見渡すと、市中の"特定の場所"に行けば、MGやヒーレーがごろごろしていた。

　中学に入ってすぐ写真撮影に熱中するようになったが、なぜかカメラを携えて横浜の街を歩き、その姿を撮影した記憶はない。今でもそのころ撮影した多くのネガが残っているが、不思議なことに当時の横浜の街で撮影したクルマの写真がない。富士スピードウェイのレースには電車に乗って足繁く通ったし、どこかでショーがあると聞けばカメラを持って出かけていったくせに、自分が生まれ育った時間と場所が撮し込まれた写真を撮らなかったようだ。

　たぶんカメラを持って出かけることが少なかったからだろ

さっそく私も昔のアルバムを探したところ、何枚かの懐かしい写真が出てきた。これは横浜市内の我が中学の敷地内で見つけたフィアット500。この日はちょうどカメラを持っていたので、さっそく撮影した。同じ敷地のなかには小学校もあり、なにか行事があると駐車場には、様々なめずらしい外車に乗った父母が集まるので、私たちクルマ好きにはたまらなかった。あるときなど、まっさらな白いランチア・フルヴィア・クーペが停まっていて、ひどく驚いたことがあった。カメラを持っていなかったのは悔やまれたが、初めて見たランチアの端正なクーペ姿に魅了された記憶がある。

うが、もう一つの理由は、私たちが育った時代には、もう金網の向こうのアメリカがあこがれの対象ではなくなっていたのかもしれない。我が家にはクルマがなかったが、すで周囲にはクルマを持つ人もいたし、金網の向こう以外にも変わったクルマが集まる場所があった。米軍施設に集まるようなめずらしいクルマには関心を持ったが、カメラを向ける対象ではなかったのだと思う。

この書籍の企画が決まったとき、私と編集スタッフのSは、高木先生から借用した写真を手に、その写真がどこで撮影されたかを知るために現代の街を歩いてみることにした。

今でも根岸ハウジングエリアなど、日本人の立ち入りが禁じられているところが残っているが、かつての本牧住宅の後は巨大なショッピングセンターと住宅地に変貌している。そのあたりを歩くと、裏山の森になかに、30年前の写真に写っている寺院がそのまま残っているのを見つけた。また、看板をたよりに訪ねた老舗で話を聞き、撮影された場所を尋ねた。かつてと同じ

横浜の外車ディーラーといえば、スーパーカーを扱うシーサイドモーター（SSSA）がよく知られているが、私たちがクルマを見に行っていた時代には、"シーサイド"よりもヤナセの横浜支店のほうがおもしろかった。これはクルマ仲間のM君が撮影したボルボP1800。むろんヤナセがボルボの代理店であった時代のことだ。後ろにめずらしいメルセデス300サルーンのルーフが見えるが、当時の私たちには、初めて見るボルボのクーペのほうに関心が向いていたので、メルセデスに向けてシャッターは切らなかったようだ。
そういえば"シーサイド"でマングスタを見た記憶があるが、その時にはカメラを持ってはいなかった。その後、あのスーパーカーブームが訪れたが、あまりの群衆の多さに怖じ気づき、それからもう"シーサイド"には寄りつかなかった。

これもM君からもらったシェルビー・マスタングの写真。カメラを持って初めて東京に遠征した時、場所は確か六本木だったと思うが。

場所に同じ店を見つけてほっとした。その反面、バブル経済の時期に米軍住宅の跡地には、近代的なショッピングセンターが建てられたが、バブルが過ぎて10年が経ち、大規模に進められた開発地にも陰りが見られたことには寂しさを感じた。

山手の街を歩くと、かつてはそこにあった豪邸はめっきりと減り、今は瀟洒な集合住宅か、あるいはモダンな建て売り住宅ばかりになっていて、30年前の撮影場所を探すことは不可能に思えた。その山手から近い根岸の米軍住宅が返還されるとのニュースを編集作業中に聞いた。

私は一等地が長く接収されたままの窮屈だった時代を懐かしくは思わない。二度とあの時のような思いはしたくないが、こうして、あの時代のあの情景だけを切り取ったような写真をいま眺めると、胸をかきむしられるような懐かしさを感じる。と同時に、そうした強い気持ちを呼び起こす高木さんの"日常を切り取った"写真の力に、あらためて引き込まれずにはいられない。

これは私の撮影。近所に住む友人のI君がジュリアSSが停まっていると息せき切って知らせてきたので、さっそくカメラを抱えて急行した。始めは敷地の外から見ていたが、リアビューだけでは我慢できず、声をかけて廷内に入って見せてもらった記憶がある。

SPORT OR SPECTATOR...

THERE'S A TEST-PROVED FIRESTONE TIRE FOR YOU. Whether you're in the race or on the sidelines, Firestone's got just the tire for your import—however and wherever you drive it. In competition? The *Super Sports 170-T* is your number: special racing tread; tough nylon cord. Spectator? You'll like the *DeLuxe Champion* for its 36% mileage bonus, extra stopping power and quiet ride. Both are performance-proved in Firestone's annual 425-million-mile test program—the program that's helped develop these two important Firestone advantages: (1) Firestone Rubber-X-101, longest-wearing rubber ever used in Firestone tires; (2) Firestone Safety-Fortified cord. For the kind of driving you like to do, get test-proved Firestones for your import soon. Buy them, on convenient payday terms if you wish, at your Firestone Dealer or Store.

SPEEDWAY-PROVED
FOR YOUR TURNPIKE SAFETY

Copyright 1961, The Firestone Tire & Rubber Company

Tune in Eyewitness to History, every Friday evening, CBS Television Network

DELUXE CHAMPION　SUPER SPORTS 170-T

アメリカの自動車雑誌『Motor Trend』1961年4月号で見かけたファイアストーンの広告は、夢見ていたカリフォルニアの風景そのものだ。(高木紀男)

横浜の想い出

　横浜・横須賀という地名にはエキゾチックなイメージがある。外人墓地、港の見える丘公園、フランス山、三笠公園等といった名称には外国の雰囲気が漂い、一度は訪れてみたいと夢に描いていた街だ。アメリカかぶれの少年であった私には、特にその想いが強かった気がする。

　初めて横浜の山手の地を訪れたのは1962年8月の暑い日であった。スバル360を転がして、国道16号線を下って、八王子から一時間くらいかかった。現在と較べれば、道路は空いていて、のんびりしたドライブであった。

　1960年代初期、『モーターマガジン』誌にはフォトコンテストというコーナーがあり、そのページの投稿写真の中に時時、背景が横浜であろうと思われる写真が登場していた。陸揚げされた50年代末のアメリカ車でいっぱいの埠頭の写真、外国ナンバーをつけたスチュードベーカー・ホークやMG Aが大型船の脇に佇む光景、これらは米軍専用埠頭ノースピアの写真であると直感した。そして横浜公園内にあった、横浜チャペルセンターをバックにしたと思われる白いフィアット1200スパイダー、これらの写真を見せられると、横浜はすごい場所だ、立川や福生と同じだ、いやそれ以上かもしれないと思うようになり、一度は訪れてみたいと思った。しかし横浜は遠いというイメージもあり、なかなか決断がつかなかった。やがて我が家のスバル360がセカンドカーになって、かなり自由に使えるようになったので、決心をして出掛けたのが1962年の夏休みであった。

　実際に横浜本牧の海軍住宅地に隣接してあった、ネイビー・エクスチェンジの駐車場に到着してみると、閑散としていて期待を裏切られてしまった。車の数が少なかったのである。風景はアメリカそのものであったが、立川や横田のベースの風景とは格差があった。そんなわけで横浜詣では1960年代はそれ一回で終わってしまった。

　再び横浜に出掛けたのは1970年代に入ってからである。70年代に入ると我が国は高度成長に突入して、街には車が溢れるようになり、ほとんどの道路は駐車禁止となり、地元立川での"路上観察"は困難になって、カーウォッチングの場所は限定されてきた。したがって少し自宅から離れた福生が中心になり、やがてクルマの機動力を発揮して神奈川県の大和市へも出掛けるようになった。そしてなりよりもアメリカ兵のクルマそのものが、半数以上が古い日本車になってしまったので、ウォッチングのフィールドを拡大せざるを得なくなっていた。時を同じくして初代チェリー・バンを購入したので、荷台に自転車を積んで遠くへサイクリングをしに出掛けるようにもなった。そこで大和市に出向いたついでに足を伸ばし

て、再び横浜へも出掛けるようになったのである。再度訪れた本牧の地は、立川や福生と同様に半数以上が日本車で埋めつくされ、アメリカ車で溢れていた時代とは異なり、アメリカそのものではなくなっていたが、周囲の風景は昔のままであった。白い壁のアメリカンハウスが建ち並ぶ住宅地や横文字の看板が目立つエクスチェンジのたたずまいは、60年代となんら変わっていなかった。ただ目の前の道路の中央から、市電の姿が消えていたのが、時代の流れを感じさせた。それから5年くらい横浜詣では時々行っていたが、日本車ばかりになってしまった1975年を最後に出向かなくなって、それ以降の四半世紀以上、訪れていないのである。今日ではとっくに横浜の大部分の海軍ベースの地は日本政府に返還され、まったく姿を変えてしまったらしいが、夢が壊れるような気がして、本牧の地へ足を踏み入れることができないのが、今日この頃の正直な気持ちである。

横浜港ノースピア（瑞穂埠頭）を訪れたのは1971年10月の三軍記念日で、FENラジオを聞いて情報を得て出掛けた。横浜線の東神奈川駅で降りて、トボトボと歩いていった。潮の香りが強く感じられる場所へたどり着くと、陸運のコンテナトラックが多数道路に駐車していた。その先には海に架かった瑞穂橋が見えてきた。その先が『モーターマガジン』のフォトコンテストで見覚えのあったノースピアである。山下公園側の埠頭も終戦後はアメリカ軍に占領されていて、サウスピアと呼ばれていたらしい。瑞穂埠頭はその反対側にあるので、ノースピアといわれた。現在ではノースドックと呼ばれているようだ。ゲートを入ると左手に司令部建物があり、その前の広場で様々な行事が行われていた。道路をはさんで反対側は埠頭が広がっており、沖には船が停泊していて、港の雰囲気がいっぱいであった。道路の上から見た光景は壮観であった。船の前は様々な年式や色のアメリカ車や、数は少ないがヨーロッパ車、そして日本車と世界中の車で埋まっていた。それも同じ車は一つもないという光景だ。まるで桃源郷にでも迷い込んだ気分だった。時間とフィルムが許すならすべての車の写真を撮りたいと思った。71年はアメリカ軍が日本から大幅に撤退した時期でもあったので、ぎっしり埋まっていたのである。翌72年に訪れた際もかなり多かったが、満杯ではなかった。そして73年には同じ日に出掛けてみたが、オープンハウスは行われておらず、それ以降は情報も得られず、ノースピア詣では2回で終わってしまった。

フェンスの向こうのアメリカ——横浜本牧

'51 ダッジ・メドウブルック ●1962年8月
1962年に初めて訪れた本牧は予想より閑散としていた。後方の建物は映画館。この頃カフェテリアは日本人の社会生活の中でも普及し始めて、私が通っていた大学の近くにもあり、よく利用した。右手には56年シボレーの陸軍スタッフカーが見える。隣りのドイツ・フォードのタウナス17Mは"ニュールック"だ。

'62 フォード・ファルコン
●1962年8月
まっさらの新車であった。周囲は50年代のフルサイズカーが多い。日本車は右手に見える50年代初期のプリンスのみ。このファルコンは70年頃に、元町の丘の上にある外人墓地近くの空き地に、神3E9000のナンバーをつけたまま乗り捨てられているのを見た。

'61 ダッジ・ダート・セネカ
●1962年8月
60年代中頃まで米軍基地の駐車場はアメリカそのものだった。日本車は一台も見えない。エクスチェンジの左隣りにはカミッサリーがあった。

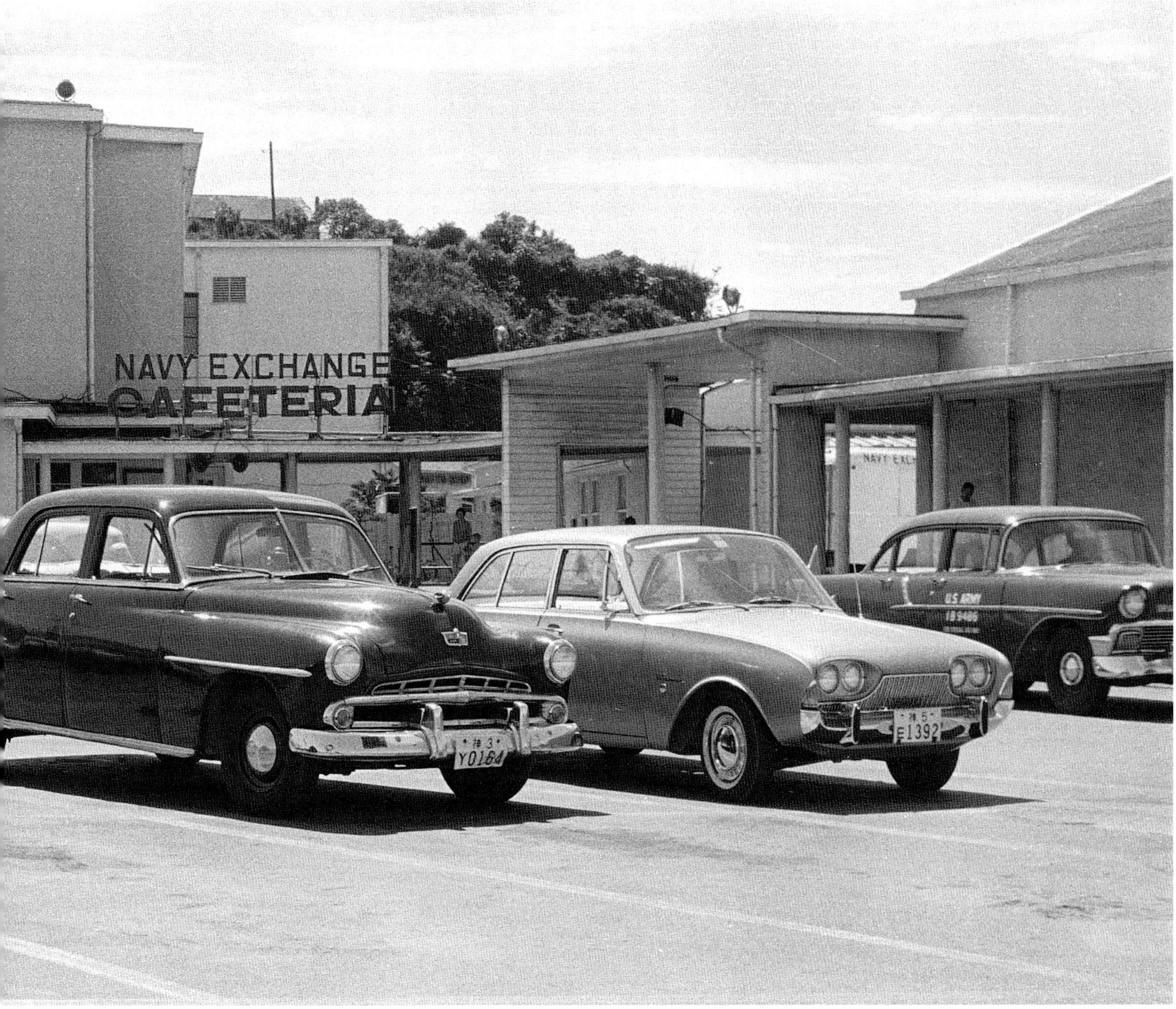
NAVY EXCHANGE
CAFETERIA

U.S. NAVY EXCHANGE

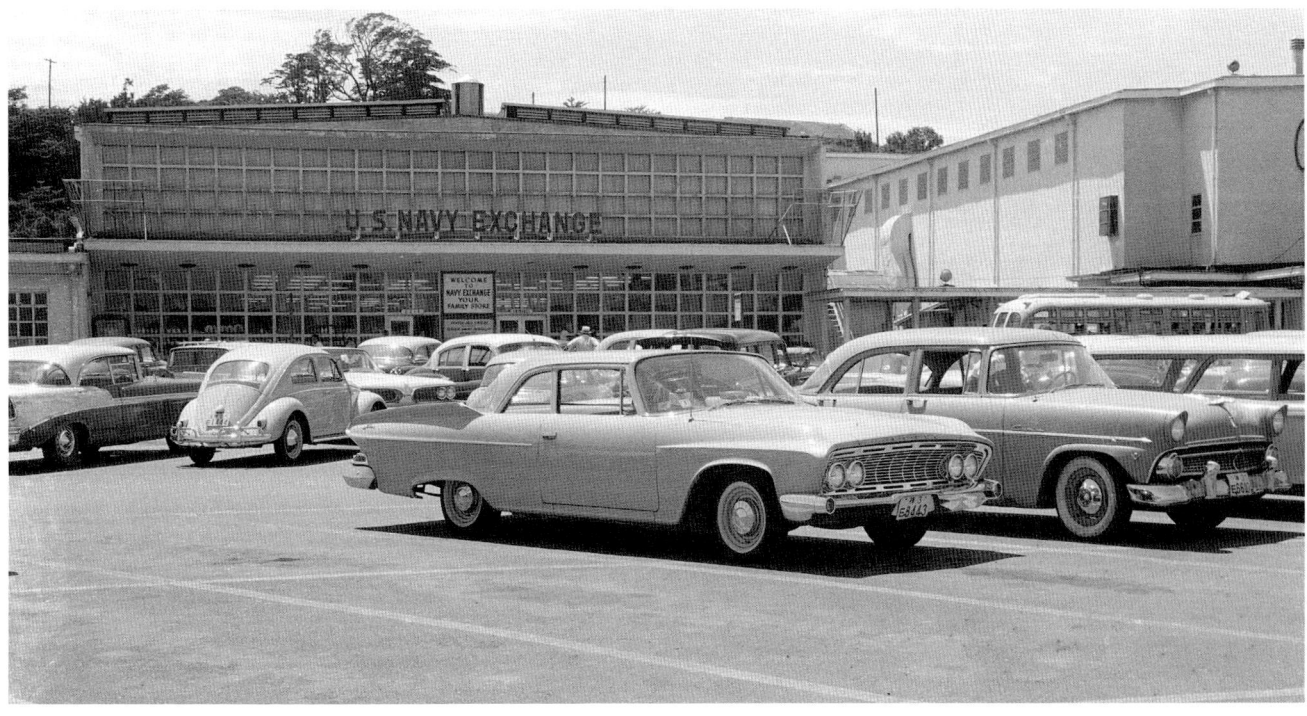

'60 スバル 360（自家用車） ●1962年8月
白い壁のアメリカンハウスが多数建ち並んでいた。丘の上にも住宅が見える。同じ規格の家が多数並んでいるのは異様だった。
ほとんどアメリカ兵の車しかこの場所は通らなかった。我が家のスバルは60年式で、フロントバンパーは2分割のモデル。

初めて訪れた山下公園。

左ページでスバル360を停めたのは、このあたりだろうか。米軍住宅のあった場所は、現在では通りに面して商店が並び、裏には瀟洒な住宅が続く。
(これ以降、現在の情景(2003年8月)とその説明は、昔の写真と地図を携えて現在の町並みを歩いた、編集部による)

'49 デソート・ディプロマット ●1962年8月
横浜と横須賀を結ぶ幹線道路上。上空には市電の架線が張り巡らされている。ディプロマットはプリムス・ベースの小型デソート。反対側には53プリムスのハードトップ・クーペが見える。

Bill Chickering
CAPE FEAR
GREGORY PECK
ROBERT MITCHUM
1800 2030
NAVY EXCHANGE
CAFETERIA

Bill Chickering
NAVY EXCHANGE
CAFETERIA
CAFETERIA

横浜本牧　ネイビー・エクスチェンジ駐車場——70年〜75年

'71-'72 シボレー・ブレーザー ◉1973年
60年代はじめにインターナショナル・スカウトが開発した小型ユーティリティ・ビークルのシボレー版。69年に登場した。フォード・ブロンコのライバル車だがこの車の登場によって、スカウトはやがて消滅してしまった。フロントにスペアタイアを掲載したファッショナブルなスタイルは、オーナーの好みだろう。後方にはダッジA100のキャンパーが見える。

'73 ポンティアック・ファイアバード ◉1973年
2代目ファイアバードの新型車。といってもサイドビューは70〜74年まで同じであったから識別は困難だ。グリルパターンが少し異なっているのみで、ホイールキャップで判断するしかなかった。

'68 フォード・サンダーバード ◉1973年
5代目サンダーバードは67年型に登場して、69年型まで存在。コンシールドヘッドライトが特徴。この3年間に限って4ドアモデルも存在した。後方の映画館では、グレゴリー・ペック、ロバート・ミッチャム主演の「CAPE FEAR」という映画が上映されている。

'62 フォード F100 ピックアップ（スタイルサイド） ◉1970年
1970年に来たときには、ネイビー・エクスチェンジの屋根には以前にはなかったYOKOHAMA SHOPPING CENTERの巨大看板が付いていた。4WD仕様のピックアップ・トラックも巨大だ。ピックアップの8ナンバー登録は珍しい。ほとんど1か3ナンバーだった。しかも横浜なのに多摩ナンバーだ。

'69 フォード・マスタング・コンバーチブル ●1970年
70年代に入ると他の米軍基地と同様に、駐車場の車は半分以上が日本車となり、アメリカそのものではなくなった。奥にもハードトップとファストバックの2台のマスタングが見えるが、入ってはいけない所なので近づけなかった。70年4月より33のEナンバーに変わった。

'69 シボレー・コルベット・スティングレイ・コンバーチブル ●1970年
コルベットは68年型でフルモデルチェンジして、スティングレイの名が消えたが、69年型で復活した。バンパーにはUSFA YOKOSUKAのシールが見える。12月のクリスマスの頃、エクスチェンジの駐車場がこんなに車で溢れていることは珍しい。日本車が多くなったのは残念だが。

'67 マーキュリー・コメット・ボイジャー・ワゴン ●1970年

67年型のコメットはあまり見かけなかった。翌年にはフルモデルチェンジするとともに、名称もモンテーゴになった。2台隣りには珍しいブリティッシュ・フォード・コルセア。ショッピングセンターの奥はカミッサリーストア。

'65 ビュイック・スペシャル・デラックス・ワゴン ●1970年

インターミディエイト・クラスのビュイックの標準ワゴン。上級シリーズのスカイラークのワゴンは、後部ルーフが2段になったビスタドーム付き。映画館の入り口には上映されている映画（アンソニー・クィーン主演）の看板がかかげられている。カフェテリアの看板も62年の時は異なっていた。

'69 マーキュリー・サイクローン・ファストバック・クーペ ●1970年

60年代の後半は、アメリカ車にかつて流行したファストバック・ルーフが復活し、マーキュリーのインターミディエイト・カー、モンテーゴにもノッチバックのハードトップの他に、このファストバック型が68年より登場した。サイクローンは派手なストライプがボディサイドを走っていた。

'66 フォード・サンダーバード ●1970年

4代目サンダーバードの最後のモデルが66年型。67年にはモデルチェンジしてさらに大きくなった。写真は標準モデルで、ランドウやタウンクーペもあった。隣りにはネイビー・エクスチェンジ・カミッサリー・ストアのトラックが駐車していた。

'68 プリムス・バリアント・シグネット ●1970年
プリムスのコンパクトカー、バリアントは67年にモデルチェンジを受けて、2、4ドアのセダンの2種類のみとなった。ハードトップやコンバーチブルはバラクーダに取ってかわった。エクスチェンジのガレージは駐車場とは一区画離れた場所にあった。写真の右奥にはガスステーションもあった。

右ページでフォード・マスタングとピントが停まっている駐車場の場所を探していたら、現在でも同じ建物が残っていた。ここに違いない。

'68 フォード・マスタング ●1970年
前出の写真で後ろ姿が見えたのがこの車。ガスステーション前の通りの商店街を背景に撮ったもの。まだ横文字の看板をつけた商店も見えるし、市電の軌道も残っている。

'73 フォード・ピント・スクワイア
●1975年
同じ場所の5年後、1975年の撮影。後方のテーラーの横文字の看板は消えて、中港洋服店の日本名のみになった。ピントは71年に登場したサブコンパクトカー。木目仕様のワゴンは73年型より登場。

'69 ポンティアック・ファイアバード ●1974年

ネイビー・エクスチェンジにはスーパーやレストランや映画館、そして床屋や洗濯屋とあらゆるサービス施設があった。70年代に入り、日本人の賃金が上昇したため、警備員はほとんどいなくなったが、写真の左端にも写っている詰め所があり、監視の目はあった。奥へ入って写真を撮らせてくれと頼んだが、断られた。

'65 キャディラック・ドヴィル・コンバーチブル ●1970年

ガレージの前にフロントを潰したキャディーのコンバーチブルが置かれていた。この頃のキャディラックのコンバーチブルはなかなか出会えなかった。右手には63年頃のファルコン・スクワイア・ワゴンが見える。

'71 ポンティアック GTO ハードトップクーペ ●1974年

ポンティアックのインターミディエイト・カー、ルマンのスポーツバージョンであるGTOは異なったグリルをしていた。68〜9年と続いたコンシールド・ヘッドライトは再び通常タイプに戻った。72年型もまったく同じグリルだが、GTOの文字がPONTIACに変わった。

'71-'72 フォード・マーベリック・グラバー ◉1974年
70年に登場したフォードのコンパクトカー。グラバーはスポーツバージョンで、初年度はオプションとして登場したが、71年からはシリーズモデルとなった。フード上のエアインテークが特徴。グリルも標準型と少し異なっていた。74年に来たときには、巨大な看板のYOKOHAMA SHOPPING CENTERの文字は再びNAVY EXCHANGEに変わった。

'66 ランブラー・マーリン ◉1974年
60年代中頃はファストバック・クーペが流行した年代。マーリンはAMCの主力車、クラシックのウェストラインから上を流行のファストバック化したモデルで、65～67年まで存在した。最後の67年は大型のアンバサダーベースであったが、1台も見なかった。

'71 シボレー・キングスウッド・エステートワゴン ◉1974年
サイドに木目パネルをつけた高級仕様のワゴン。フォード・カントリー・スクワイアのライバルであったが、スクワイアの魅力には勝てなかったようだ。奥にはフォード・マーベリックとピントの小型車が見える。ベースのアメリカ車も70年代に入ると小型車が多くなった。

'72 フォード・グラントリノ・ワゴン
◉1974年
フォードのインターミディエイト・クラス、フェアレーンは70年より名称がトリノに統一された。上級のグラントリノは通常のトリノとグリルが異なっていた。見かけるのはトリノより、グラントリノの方が多かった。カミッサリーストアの正面にはポパイのような水兵のマスコットが見える。

'69 クライスラー 300 2ドアハードトップ ◉1974年
クライスラーのスポーツ指向モデルが300シリーズ。コンシールド・ヘッドライトが特徴。69年に大幅なモデルチェンジが行われ、73年型までのボディスタイルだった。

'74-'75 シボレー・ベガ GT ワゴン
◉1974年
71年に登場したシボレーのサブコンパクト。74年にマイナーチェンジして、グリルが変わり、5マイルバンパーを採用。4気筒2.3ℓエンジンなのに、なぜか5ナンバーをつけている。排気量をごまかしたのだろうか。こういうベガは他でも見た。それともクーペには2ℓのコスワース・ツインカム・エンジン仕様があったが、そのエンジンを積んでいるのだろうか。奥にはVWタイプ4が見える。看板のPATRONという言葉はこういうシチュエーションにも使うことを知った。

'63 ランブラー・クラシック 660 2ドアセダン ◉1973年

クラシックの2ドアセダンは62年型より登場。660はそのミドルシリーズ。エクスチェンジの駐車場から外を撮ったショット。後方の建物は、海浜住宅の隅に建てられた山手警察署。その前のT字路には、山下公園の方向を示した道路標識が見える。ランブラーの隣りにはハーレーのチョッパーらしきバイクが見える。映画「イージーライダー」のファッションが早くも登場した。

上のランブラー・クラシックの背景にあるビルは神奈川県警山手警察署だ。ランブラーが停まっていたPXのあった駐車場は大きな集合住宅に変わり、警察署は少し引っ込んで建て直されたが、現在でも同じ場所にある。

'51−'53 MG TD ●1974年
前後のバンパーはおろかフェンダーさえも取り払った異様なTDを見つけた。外交官ナンバーだから黙認されていたのであろう。左手はアメリカンスクールの運動場。山の中腹に大きな寺が見える。

上の写真で見える寺は天徳寺。このあたりは米軍住宅や関連施設になったが、寺は接収されずに残った。現在も同じ場所にあるが、木が大きく茂っていてここからでは見えない。左手はアメリカンスクールだったが、現在では公園になっている。接収前は本牧小学校だった。

'74 ポンティアック・グランプリ ●1975年

73年にフルモデルチェンジして、やや大型化されたポンティアックのパーソナル・クーペがグランプリ。74年型は5マイルバンパーを装備、グリルデザインも少し変わった。エクスチェンジの駐車場も閑散としている。

'71 フォード・トリノ GT スポーツルーフ ●1975年

71年型はこのスタイルのトリノの最後の年。72年型はフルモデルチェンジした。ルーフはファストバックのスポーツルーフと、ノッチバックのフォーマルルーフの2種類があったが、72年型もこのスポーツでは継承された。後方にもトリノのフォーマルルーフ・クーペが停まっている。

'68 オールズモビル・カトラス・コンバーチブル ●1975年
60年代後半のコンバーチブルに出会うことはほとんどなくなった。後方は日本車ばかり。後方の映画館ではライザ・ミネリの映画が上映されていたようだ。

'74-'75 シボレー・ベガ GT ハッチバック ●1975年
シボレーのサブ・コンパクト、ベガには2ドアのセダン、クーペ、ワゴンがあったが、このノッチバック・クーペを一番多く見かけた。2ドアセダンは少なかった。ワゴンは魅力的であったが、日本車には対抗できなかったであろう。

'70 AMC アンバサダー SST ワゴン ● 1975年
ランブラー・レベルのホイールベースを延長したモデルがアンバサダー。この塗り分けのワゴンは、67年型より続いていた。撮影したクルマはグリーンとクリーム色の2トーンだが、クリームの部分がウッドグレインのモデルもあった。

'62 ビュイック・エレクトラ 225 4ドアセダン ● 1973年
横浜の高台にある米軍根岸ハイツの入り口付近。ゲートがないのでどこから米軍基地なのか分からなかった。左端のTRASHと書かれたドラム缶を見ると基地内住宅のようであるが、背景の建物は民間の西洋館のようだ。エレクトラには同ボディのピラーレス・ハードトップ・モデルもあった。

'62–'63 ダッジ D-100 ピックアップ・レッカー車 ●1970年
山手警察前で右折して山下公園方向に進んだ所でダッジのレッカー車に出会った。アメリカ軍からの払い下げ品かもしれない。後方のサンダーバードは日本ナンバーだった。背景は海浜住宅。右手のビルが山手警察署。

左ページのビュイック・エレクトラが停まっていた場所はこのあたりだろうか。周囲の住宅は建て直されてしまったが、おそらくこの車止めのコンクリートは昔のままだ。同じ場所に米兵所有のホンダ・インテグラが停まっていた。根岸森林公園周辺は今も米軍の住宅施設があり、道路を境に手前側は接収地。

上の写真に写っているダッジ・レッカー車のドアにはモーリス・モータースの文字が読める。この修理工場は今でも同じ場所にある。背景の海浜住宅だったところはまだ更地のままだ。

横浜市内

'60 ダッジ・ウィンドウ・バン ◉1970年
横浜は川の多い街である。自転車に乗って徘徊していたら、こんな古いダッジのバンに出会った。これも軍の払い下げ品かもしれない。

ダッジ・バンを撮影した場所を求めて、知人からの情報と欄干の形を頼りに川沿いを歩いた。後ろに写っている金網販売店が現在でも同じ場所で営業を続けていた。ルーフの上に見える木も健在だ。磯子区の根岸橋付近にて。

'69 ダッジ・ダート・カスタム・ハードトップクーペ ●1970年
市内のどの場所かであったか記憶がまったくない。背景には様々な道路標識のミニサイズ版が立ち並ぶ交通公園が写っている。ダートは人気があったのか、よく見かける車であった。

'72 オールズモビル・デルタ 88 ロイヤル ◉1974年
フルサイズ・オールズモビルの下位シリーズが88。いたって平凡な4ドアセダンであった。エクスチェンジへ向かう途中の道で出会った。横浜は川が多い。川の両側には柳の木が繁っていた。

この場を特定するのは難しかった。手がかりは大きな建物と橋の欄干、そして柳の木だ。ビルを探して川沿いの道を歩いていたら、横浜市立大学病院の横に出た。現在では、中村川の上には首都高速神奈川3号狩場線が覆い被さるように通っている。柳の木はなくなり、歩道が整備されている。

'70 プリムス・フューリーⅢ ハードトップ・クーペ ●1974年
本牧の沖合いは埋め立てられて工場地帯になっていた。その幹線道路沿いで。後方の丸いタンクは何が入っているのだろう。
フルサイズ・プリムスの2ドアモデルもこの年代になるとほとんど出会わなかった。

本牧の埋め立て地に行き、プリムスが停まっていた場所を探す。丸いタンクを手がかりに探したところ、高速道路の影にそのままの姿を見つけた。右手のスロープは湾岸線上りの三渓園出口だ。

本牧・海浜住宅

'62 マーキュリー・コロニーパーク ●1970年
コロニーパークはウッディ仕様の高級バージョンのワゴン。61〜62年のフルサイズ・マーキュリーは小型化され、フォードがベースであった。後方は海浜住宅。フェンスで囲われていた。フェンスについている看板のファニチャー・アネックスは左手に進んで、山手警察前で右折してしばらく行った所にあった。

'64 ダッジ・コロネット 440 ●1970年
前出の写真の海浜住宅のフェンスの内側に入って撮影したショット。70年代にはフェンスの所々に穴が開けられて、出入りできるようになっていた。もちろんOFF LIMITの場所なので、住人に同意を得てから中に入った。右手からはVWタイプⅡが走ってきた。

'65 プリムス・バリアント・シグネット・ハードトップクーペ ◉1973年
海浜住宅をバックにフェンス越しに撮ったショット。フェンスの網目が写ってしまった。バリアントのハードトップは最上級のシグネット・シリーズに存在した。後方には60年頃のブルーバードとコロナが見える。海浜住宅が建設された頃は、その名の通りベイサイド・コートであったが、高度成長期に周囲が埋め立てられ、ベイサイドではなくなっていた。

'63 ビュイック・ルセーバー・ハードトップクーペ ◉1973年
同じく海浜住宅の前で見かけたフルサイズのビュイックをフェンス越しに撮影。道路沿いの車は撮影できたが、奥深い場所にある車はただフェンス越しに見つめているだけであった。

'73 ダッジ・チャージャー・ラリー・ハードトップクーペ ◉1973年
66年に登場したインターミディエイト、コロネット・ベースのスペシャリティカー。68年にフルモデルチェンジして、ファストバックからセミ・ファストバック・スタイルとなり、71以降はこの形になり、74年まで続いた。ラリーはこのど派手なストライプが特徴。フェンス越しに撮影。テレビのアンテナが見えるから、日本の放送も受信していたのだろう。

横浜港ノースピア──埠頭はまだアメリカの香りが漂っていた

'71 VW タイプⅡ キャンプモビル ●1973年
1973年の撮影。ノースピアの入り口付近。奥の橋を渡ったところにゲート詰め所があった。橋の上に立つと、ピアが一望できた。普通の日の休日はまったく人通りがなかった。せっかく出かけたのに、この日はオープンハウスではなかった。

ノースドックは現在でも米軍が使っているため交通量は少ない。電柱が同じ場所にあったのは驚きだ。鉄橋のすぐ手前には映画のロケでよく使われる二軒のバーが建っている。

'68 フォード・カスタム 4ドアセダン
◉1971年
1971年5月のアームドフォーシーズデイ。イベント会場の隅に花自動車が置かれていた。その前には黒塗りのアーミーのスタッフカー。フロントにはフラッグポールをつけ、バンパー中央には2つ星が輝いていたから、陸軍少将の車である。ということは、在日米陸軍司令官の車だ。リアシートには2つのヘッドレストを備えている。

'68 フォード・カスタム 4ドアセダン
◉1971年
別な場所には同じく68年フォードの黒塗りが2台並んでいた。左手はTMP100、右手はTMP12のナンバーがついているので、右は座間キャンプの司令官、左はノースピア司令官のスタッフカーか。以前はアーミーはオリーブの塗色であったが、この頃は黒色であった。

インターナショナル・トラック
◉1972年
60年代のこのフロントグリルのインターナショナル製のトラックも各種様々なものが在日米軍で使われていた。トラクターやダンプトラックもあった。写真の車にはELECTRIC SHOPと書いてあるが、どんな役目の車なのだろう。

'49 フォード・カスタム 2ドアセダン
◉1972年

こんな古いフォードをきれいに乗っている米兵が三沢ベースにいた。隣の車も珍しい2トーンカラー仕様のダッジのピックアップだ。ノースピアはアーミーとネイビーの共同使用であったから、海軍の戦艦見学もオープンハウスの行事であった。各地域のナンバープレートがあったが、なぜか地元横浜のナンバーは1台もなかった。

'68 インターナショナル・トラベル
◉1972年

1972年4月に福岡の板付ベースは閉鎖され、そこからの引き揚げてきた車もあった。インターナショナルはアメリカの田舎車(農耕車)というイメージで、日本ではなかなか見る機会はなかった。60年代初期モデルはダブルキャブ・トラックか軍用に使われていたが、このワゴンモデルは少なかったし、民間の車はほとんど出会わなかった。右隣りのVWは外国ナンバーつきだ。

'67 フォード・フェアレーン・ワゴン
◉1971年

フォードのインターミディエイトカー、フェアレーンのベーシックモデルのワゴン。フェアレーン500シリーズの方がよく見かけた。左手にクラウンエイトが2台も見えるが、セドリック・スペシャル6とともに日本製の高級車も米兵の間で人気があった。

'65½ ビュイック・スカイラーク・グランスポーツ ◉1971年

グランスポーツは、モデルイヤーの途中で登場したスカイラークの高性能バージョン。スカイラークの210馬力に対し325馬力エンジンを積んでいた。写真のビニールトップはオプション。タコメーターやバケットシートもついていた。

'64 クライスラー・ニューヨーカー・コンバーチブル ◉1971年

クライスラーのコンバーチブルに出会うことはほとんどなかったので、この車を見た時は驚いた。このクルマは三沢基地から来たが、三沢には様々な車があったのだろうと思った。三沢は6カ月交代で部隊が展開されていたので、出入りも多かっただろう。

'57 フォード・フェアレーン 500 タウンビクトリア ◉1972年

ノースドックから海外への積み出しを待っている。撮影した1972年頃でも、2トーンカラーが華やかな50年代中頃の車を乗り回していた米兵もまだ残っていた。青33E32のナンバープレートは70年4月以降の登録だから在日1年でふたたび出国してしまう車だ。後方のビルが司令部。

'51-'53 ダッジ・ピックアップ・トラック ●1972年

こんな古いピックアップ・トラックを見つけた。こうしてみてくると60年代の三沢ベースには、レアな車がかなり存在していたことが窺える。60年代中頃にはフェラーリが存在したという話もあった。立川ベースでは青森ナンバーのスチュードベーカー・アバンティも見かけた。

フォード・モデル A 5ウィンドウ・クーペ ●1971年

牽引用ステーをつけてタイヤを太くしたすごい出で立ちのフォード。ドラッグレースにでも出ていたのだろうが、日本に持ち込んでもなかなか走るところはなかったであろう。TSCCのドラッグレースは60年代には盛んに行われていたようだった。沖縄の読谷村にはレースコースもあったらしい。

'65 フォード・サンダーバード・コンバーチブル ●1971年

サンダーバードのコンバーチブルは、66年型までで、67年型の5代目から消えた。コンバーチブルは生産台数も数少なく、見かける機会はほとんどなかった。後方にはバリアントが2台見える。左のホンダ・スポーツも海外へ持ち出されるようだ。

'69 ランブラー・アメリカン 220 2ドアセダン
◉1972年
司令部の建物前には星条旗と日章旗がはためいていた。左手奥が埠頭で、巨大クレーンや船が見える。アメリカン220の2ドアセダンは最安価のアメリカ車の一つで、何もついていないベーシックカー。スズキ・アルトのような存在だったか。

'70 AMC レーベル 4ドアセダン ◉1971年
リアにも大きなアンテナを装備しているから憲兵隊の車か。TMP17だから高官だろう。レーベルは66年まではランブラー・クラシックと呼ばれていたモデル。71年型からマタドールと名称を変える。

'69 プリムス・フューリーⅢ ワゴン（カスタムワゴン）
◉1971年
プリムスのワゴンはサバーバンと呼ばれていた。この上に木目仕様のスポーツ・サバーバンがあった。米軍基地のオープンハウスには後方に見えるトロッコ列車が会場内を巡回していることが多かった。タイガーマスクの人気が絶頂の頃。キャンプ・ドレイクではこの電車が横転事故を起こしたことがあった。

'71 フォード・エコノライン・クラブ・ワゴン ◉1972年
エコノラインは61年に登場した、ファルコン・ベースのワンボックスカーであった。68年にフルモデルチェンジして、鼻先の出た1.5ボックスカーとなり、やや大型化された。71年にフロントグリルが変わった。エコノライン・バンは軍で多数使われていたが、初代にあったピックアップ・トラックは消えた。

'68 オールズモビル・カトラス 442 ●1971年
アメリカから運ばれてきたクルマが並ぶ。オハイオ州1970年登録のナンバープレートがついている。442は高性能モデルで、グリルパターンが少し異なっていた。2ドアのクーペとコンバーチブルのみ存在した。隣りはヒーレー・スプライト。後方はビッグ・ヒーレーがちらっと見える。搬入される車は少なかったが、オハイオのほかにもハワイ、ニュージャージー、ニューヨーク、カリフォルニアなど、さまざまな州の車が見られた。

'72 ダッジ・デーモン ●1972年
71年に登場したセミ・ファストバックのクーペ。バリアント・ダスターの姉妹車。まっさらの新車。サウスカロライナ1972年登録ナンバーが見える。サウスカロライナのナンバーは他にも見られた。

'66 フォード F-100 ●1972年
スタイルサイドの荷台にキャンパーを載せたF100が出国を待つ。70年代前半はキャンパーシェルをつけたピックアップトラックをよく見かけた。福岡11の2桁ナンバーだから1970年4月以降の登録。2年で日本を離れてしまう車だ。

'67 オールズモビル・カトラス・ビスタクルーザー
●1972年
後部ルーフが段造りになっている高級仕様ワゴン。普通のカトラスはホイールベースが115インチだが、このワゴンには120インチ。71年にフルサイズ・オールズにカスタムクルーザーが登場するまで、このビスタクルーザーがオールズのワゴンの最高級モデル。

'68 シボレー・マリブ 4ドアハードトップ ●1971年
1971年5月に訪れた時は、3月に三沢基地のF-4ファントム部隊が解隊されていたため、三沢ベースから撤収する将兵の車が何台も見られた。この日は駐車場は満杯で道路脇まで車が置かれていた。後方に見えるエコノラインのピックアップは軍では多数使われていたが、プライベートカーは珍しい。軍の払い下げ車か。このショットではVWが3台も写っている。60年代後半の米軍基地でのVWの繁殖ぶりはすごかった。

'63 ビュイック・ルセーバー 2ドアセダン ●1972年
フルサイズカー、それも中級車の60年以降の2ドアセダンはまったくレアな存在。ビュイックのフルサイズ2ドアセダンは、この63年型を最後にカタログから消えた。兄弟車のオールズは61年型まで。右手にはVWが2台見える。

'67 シボレー・カマロ RS コンバーチブル ●1972年
67年に登場したシボレーのポニーカー。マスタングのライバル。RS(ラリースポーツ)は上級バージョンで、コンシールド・ヘッドライトが特徴。写真の車はヘッドライトを出した状態。

'70 フォード・フェアレーン 500 ハードトップクーペ ●1972年
フェアレーンの名を付けた最後のモデルが70年型。上級シリーズはトリノの名称になり、71年型はすべてトリノになった。左手のVWバスの後方に見える屋根が、ノースピアのゲート詰所。左手に下っていくと司令部の建物がある。

'70 シボレー・ノバ 4ドアセダン ◉1972年
ノバは68年型よりこのスタイルとなった。69年型との識別点はバンパー内の補助ランプの大きさ。左手のパブリカ・バンは東名エンジニアリングの名がドアに見える。後方の道を見学者が会場に向かって歩いている。

'54 フォード・カスタムライン・クラブクーペ ◉1972年
こんな古いフォードを愛用していた者もいたのには感心した。特殊な車ではない普通のファミリーカーだ。一見2ドアセダンに見えるが、リア・サイドウィンドーが小さいので、クラブクーペ。

'65 ポンティアック・テンペスト GTO コンバーチブル
◉1972年
GTOは64年に登場した高性能モデルで2ドアのみ。テンペストは65年より縦4つ目のグリルとなった。60年代中頃はコンバーチブルが大流行したので、各ブランドに用意されていた。

'68 ビュイック・リビエラ ◉1971年
リビエラは63年に登場したフルサイズのラグジュアリー・パーソナルカー。66年にモデルチェンジをしてこのスタイルになった。2ドア・ハードトップのボディ形式しかなかった。70年型までのタイプであったが、見かけることは少なかった。本来はコンシールド・ヘッドライトであったが、写真はライトを出した状態。

フィアット 124 スパイダー ◉1971年
フィアット1500／1600スパイダーの後継モデル。60年代中頃に登場したが、ハニカムグリルはマイナーチェンジ版。北米仕様のようだ。後方にはヒーレー・スプライト、隣りにはカルマン・ギアが見える。

ルノー 10 ◉1971年
66年頃から70年代初めまでの存在したリアエンジンのルノーの最後のモデル。ルノー8のフロントをリデザインした車。1.1ℓエンジン。

'67 クライスラー・ニューヨーカー 4ドアセダン
◉1971年
Yナンバーは日本で購入した車。Yナンバーのアメリカ車が持ち帰られることは少なかった。前身はたぶん日本の会社の公用車であろう。フェンダーミラーとJAFのバッジがついている。ガスイーターのアメリカ高級車は日本での役目を終えると、アメリカ兵が購入することが多かった。

ニッサン・パトロール ◉1972年
60年代は日産の四駆、パトロールがアメリカに輸出されていたようだ。トヨタ・ランドクルーザーほどはポピュラーではなかったと思われる。2ドアモデルもあった。

'68 ビュイック・スカイラーク・コンバーチブル ◉1972年
68年にフルモデルチェンジしたスカイラーク。ホイールベースは2ドアモデルは112インチ。67年と68年はリアフェンダーにスカートをつけているのが、スカイラークのクーペとコンバーチブルの特徴。GSやスペシャルにはついていない。

'68 シボレー・キングスウッド・エステート・ワゴン ◉1971年
フォードのカントリー・スクワイアに対抗して66年からカプリース・シリーズが加えられたウッディ・ワゴン。なんとGM製ワゴンが3台並んでいた。右が67ポンティアック、次はスカイラーク・スポーツワゴン。

'65 シボレー・コルベット・スティングレイ・コンバーチブル ◉1971年
63年から登場した67年までの2代目。クーペとコンバーチブルがあった。なんといっても現在でも人気ナンバーワンは63スプリット・リアウィンドーのクーペであろう。しかし私は1台しか見なかった。

'69 ダッジ・コロネット・スーパービー
◉1971年
コロネットのスポーツモデル。335馬力が標準であったが、オプションで425馬力エンジンも選べた。グリルの左端に蜂のフィギュアがついていた。この車そのものは、70年10月に武蔵野市のグリーンパークで出会って、カメラに収めた車と同一の車だった。

'70 シボレー・キングスウッド・ワゴン
◉1972年
インパラに所属するステーションワゴン。上級ワゴンにはウッディ仕様のエステートワゴンもあった。

'68 ビュイック・エレクトラ 225 4ドアハードトップ ◉1971年
日本人ナンバーをつけた車。この頃は外車の輸入が自由化されていたので、お金さえ積めば誰でも新型外車を購入できた。隣りにはファルコン・フュツラ・スポーツ。その奥にも66年頃の同型車が見える。

'67 シボレー・インパラ・スポーツ・クーペ ◉1972年
インパラはセミファストバックのルーフ。上位クラスのカプリスはノッチバックのルーフをしていた。2ドアハードトップだがルーフ形状がちがった。写真の車はカプリスと同様にリアフェンダーにスカートをつけていた。オプション指定があったのだろう。

'61 ポンティアック・テンペスト・ワゴン ◉1971年
61年に登場したポンティアックのコンパクトカー。登場したときはこのワゴンと4ドアのセダンの2モデル。途中で2ドアクーペが追加された。64年型からはインターミディエイト・クラスとなる4気筒エンジンとリアにトランスミッションを積んでいたのが特徴。

'70 オールズモビル・デルタ 88 ホリデーセダン ◉1971年
フルサイズ・オールズモビルの下位シリーズ。平凡な4ドアセダンとしか見えなかった。隣りに並ぶコロナの方が目立っていた。すごいエンジンが入っているのだろうか。後方のLSTも見学コースに入っていたのだろうが、人影はまったく見えない。

'69 オールズモビル・カトラス S ハードトップ・クーペ ◉1971年
前出のフルサイズ・オールズより、こちらの方が魅力的だ。1969年型以降、カトラスはスプリットグリルがトレンドとなった。

'70 ポンティアック・グランプリ
◉1972年
69年にフルモデルチェンジしたグランプリ。70年代型はグリル内の細いバーが横から縦に変わった。撮影は前出の写真とまったく同じ場所、後方には66ファルコンや、65インパラが見える。

オープンハウスの展示車両の一部。足の長い車は木材運搬用か。1971年撮影。

横須賀基地を訪ねる

　横須賀基地を初めて訪れたのは1960年代中頃、たぶん1964年5月の三軍統合記念日オープンハウスの日であったと思う。横須賀駅にたどり着いてみると、イメージしていたのとは異なり、田舎の駅であった。国鉄横須賀駅は市の中心部にはないのを知らなかったのである。駅を出て、海沿いの道をトボトボ歩いていたら、古いキャディラックに出会ったのでシャッターを押した。これが初めて横須賀を訪れたときの唯一の収穫であった。なぜならゲートにたどり着いてみると、横須賀基地はオープンハウスの日でもカメラの持ち込みは禁じられていたのである。しかたないのでカメラはバッグの中に入れたままゲートをくぐった。ほかの多くの訪問者と同様に、場内巡回バスに押し込まれて、イベント会場にたどり着いた。

　空母の前で降りて、その中を見渡して驚いたことが一つあった。飛行甲板の下にも格納庫があり、そこに戦闘機が隠されていたのである。それまで飛行機は甲板上にあるものだけだと思っていたのだ。この日は飛行甲板には上れなかったが、時には飛行甲板に出られる日もあるらしい。そんなわけで基地訪問の主目的であった車の撮影はできなかったので、早々と引き揚げてしまい、何も記憶に残らなかった。

　再度、横須賀基地を訪れたのは1971年5月のことであった。新聞紙上で情報をキャッチし、この日はカメラの持ち込みが大丈夫らしいと判断して出掛けていった。同じ日に厚木基地のオープンハウスもあったので、午前中はそちらに出掛けて、午後から横須賀という強行日程であった。若かったから可能であったが、とても疲れた一日であった。車に自転車を載せて、神奈川県大和市の南林間を目指した。一時間半くらいかかるのだ。そこで自転車に乗り換えて、厚木基地のメインゲートに到着する。基地は車での乗り入れも可能であったが、道路は大渋滞であるから、自転車のほうが早いのである。会場はメインゲートからかなり歩かないと到達しないのが、厚木基地の特徴であった。午前中で早々と引き揚げて、横浜駅へ相鉄線で到着すると、国鉄横須賀線に乗り換えて、終点の横須賀へ降り立った。もう午後2時を過ぎていた。

　ゲートを入るとほかの見学者と異なり、バスには乗らずにテクテクと歩き出すのが私の行動パターンで、すべて行けるところは徒歩で基地内を巡り歩いた。71年に訪問したときは、

まだまだアメリカの雰囲気が残っていた。翌年も同じパターンで、一日で厚木と横須賀を訪問する強行日程であった。

それ以降は情報を得られず、横須賀基地を訪れることはなかったのだが、1977年には5月の三軍記念日のオープンハウスがあるような情報をFENでキャッチした。だが、この情報は正確ではなかった。英語がよく聞き取れないので、聞き間違えたのである。ゲート前へたどり着いてみると、この日は基地従業員の家族限定の招待日であった。あきらめかけていたところ、列の前に並んでいた家族が、親切にも自分たちの家族の一員ということにして下さり、基地内へ入れたのである。感謝感激であった。その家族とは、申し訳ないが、途中で別れて単独行動に移った。したがってこの日は基地の普通の休日の光景を見ることができたのである。この年は建国200年祭の翌年であったから、基地内のあちらこちらに200年祭の案内板がまだ残っていた。

最後に横須賀基地を訪れたのは、同年10月のネイビー・フレンドシップデーの日であった。人々でごった返していたが、5月の時と同じく基地内はほとんど日本車のみの世界となっており、もはや基地を訪ねる意味がなくなっていた。この日を最後に横須賀訪問にはピリオドを打った。

横須賀基地を訪れる以前になるが、1963年に大学の仲間とともに、我が家の60年型ヒルマン・ミンクスで三浦半島ドライブに出掛けたことがあった。そのとき江の島で出会ったEナンバーの59年型デソート・ワゴンや、葉山で見かけた60年エドセル（これはレアな車であった）等、横須賀基地所有の車を見るたびに、横須賀にはすごい車があると思いこんでいたので、なんとしても60年代の横須賀基地の車風景を撮りたかったのであったが、結果的には残念ながら一枚も撮れなかったのが悔やまれた。

60年代初期の車雑誌の情報によれば、メルセデス・ベンツ300SLロードスターや、アルファ・ロメオ・ジュリエッタ・スパイダーも横須賀にあったはずだ。どなたか60年代の横須賀基地の車風景を公開していただけることを願っています。

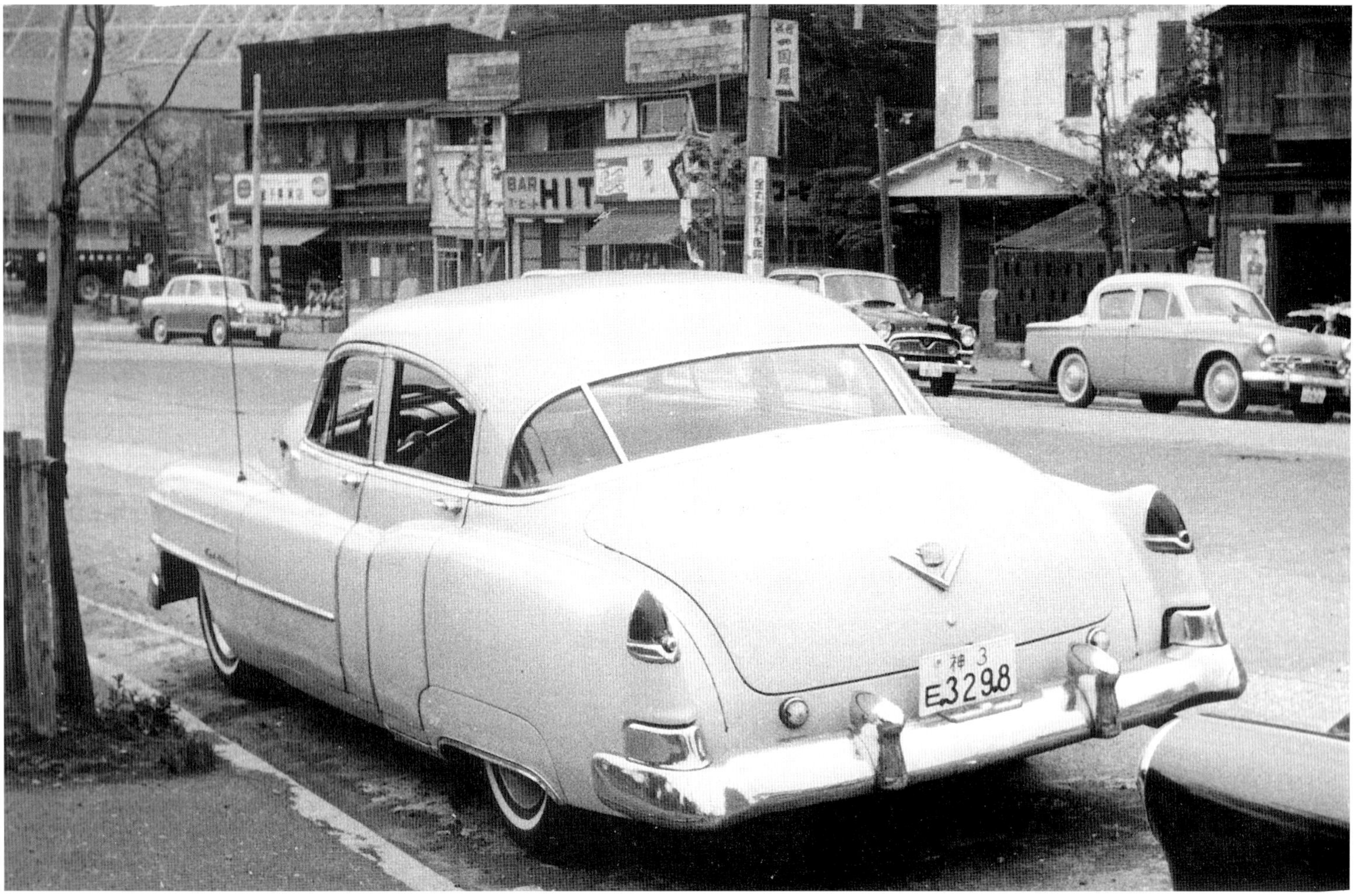
BAR
神 3
E 3298

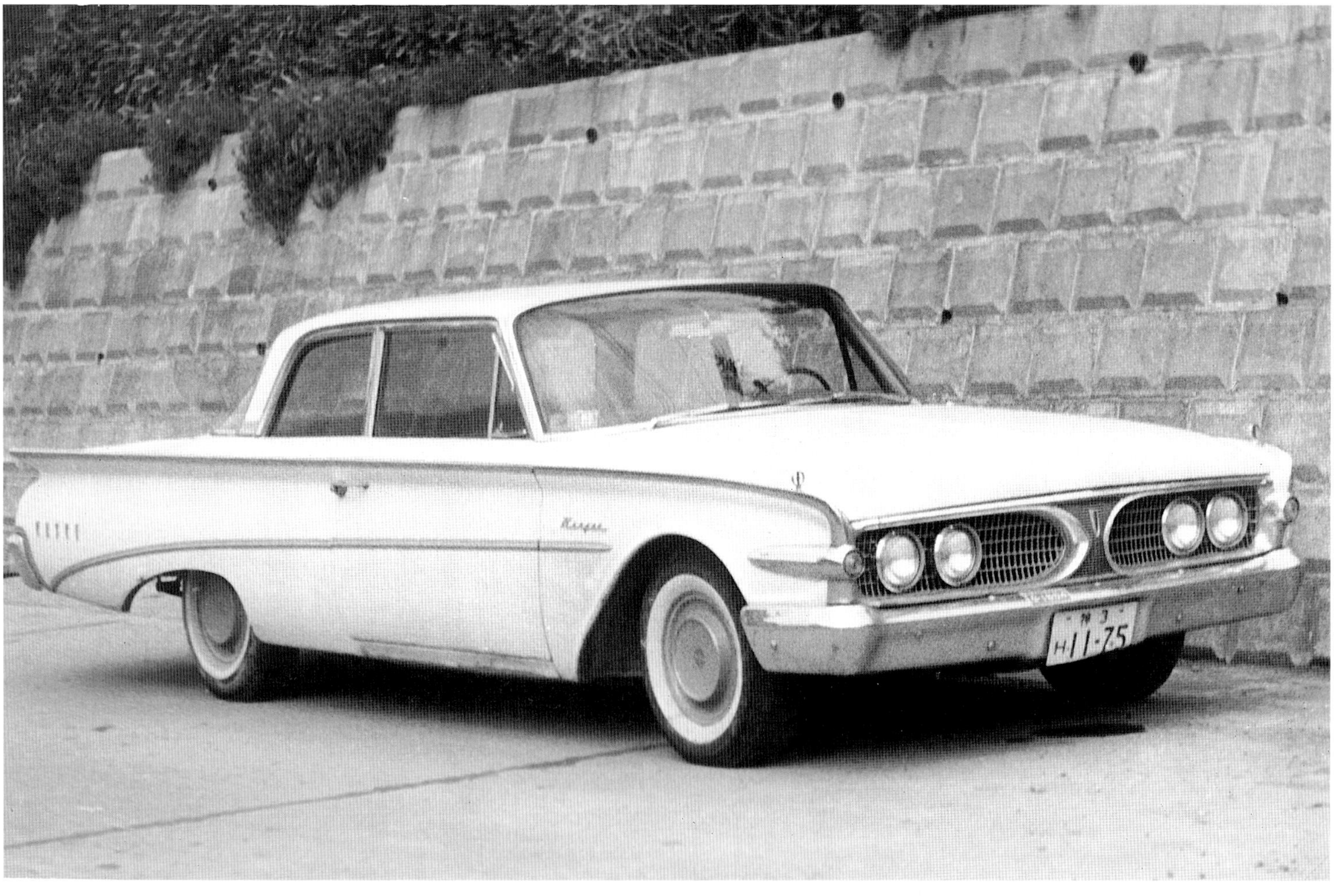
神 3
H 11-75

初めての横須賀

これが左ページのキャディラック61を撮影した横須賀の臨海公園(ヴェルニー公園)沿いの道の現在の様子だ。国道16号線は立体になり、もはや40年前の面影はまったくない。唯一の手がかりになったのは、大きなビルに立て替えられ(右側のビル)、現在でも営業を続ける"一國屋"という名の旅館だ。

'51 キャディラック 61 4ドアセダン ●1964年
この頃まで存在したキャディラックの下位シリーズが61。1964年5月に初めて横須賀を訪ねたときのショット。国鉄横須賀駅を降りて、臨海公園沿いの道で出会った。道路の反対側には、60年代初期の国産車が見える。背景の木造家屋も昭和20年代の残像といった風情。

'60 エドセル・レンジャー ●1963年
1963年9月22日。三浦半島をドライブ中に、葉山付近で出会ったレアカー。エドセルは58年型より登場したが、失敗作で3年で消えてしまった。とくに60年型は、同年2月で生産中止したので、まったく見る機会はなく、この車を含めて2台しか見なかった。

'59 デソート・ファイアスイープ・ワゴン ●1963年
江の島海水浴場の駐車場で出会ったデソートのワゴン。デソートはクライスラー社の中級車であったが販売が下降の一途をたどり、61年型をもって消滅してしまった車。それでも59年型あたりまでは何台か見かけたが、最後の61年型は一度も見ることはなかった。

横須賀 海軍基地

'65 ビュイック・スカイラーク・コンバーチブル ●1971年

駅を降りて数分歩くと国道16号線と合流する。その付近にEMクラブのあった建物がある。その脇を入った所で幌をおろしたコンバーチブルに出会った。さらに進んでゲートへたどり着いてみると、オープンハウスは行われていなかった。一週間早まってしまったのだ。

会場内で配布されたフレンドシップデーのパンフレット。

トヨタ・ランドクルーザー ●1971年
JR横須賀駅を降りて、左手に臨海公園を見ながら基地に向かって歩いていたら、新型の左ハンドルのランクルに出会った。まだタイヤも新品のようだ。バンパーに横須賀基地所属ステッカーが見える。

'68 プリムス・バラクーダ・ハードトップクーペ ●1972年
基地のメインゲートを入ったところ。バリアントベースのスペシャリティカー。67～69年型はこのスタイルであった。この車の登場によりベース車のバリアントから、ハードトップ・クーペやコンバーチブルが造られた。後方の塀の向こうにスクールバスが見える。

'73-'74 シボレー・サバーバン
●1977年
トラックベースの実用的なワゴン。乗用車ベースよりアメリカ国内では使い勝手が良かったと思うが、日本では図体が大きすぎる。前出の写真とまったく同じ場所の5年後、1977年。見学客がぞろぞろとイベント会場へ向かっている。

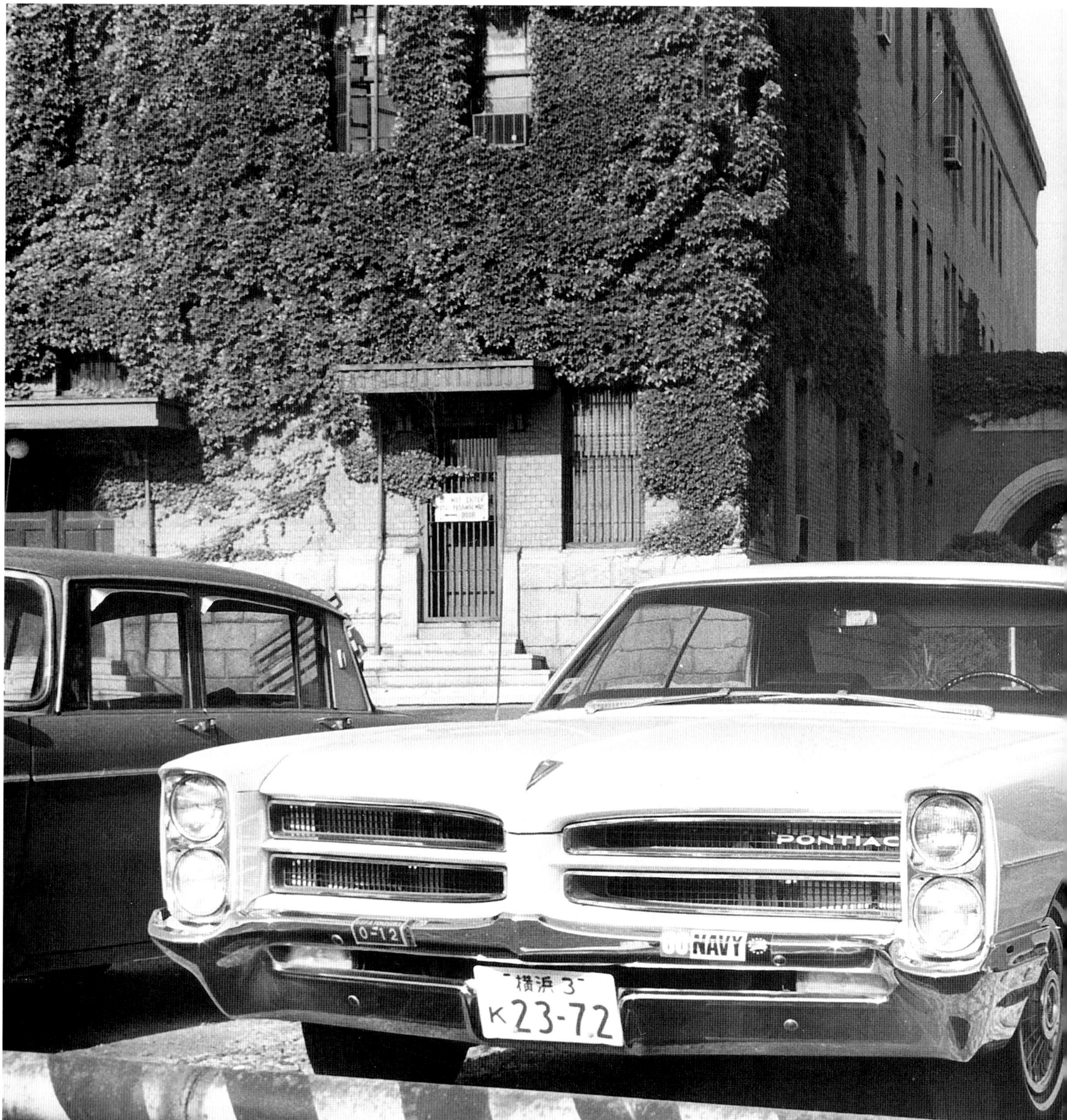
O-12
NAVY
PONTIAC
横浜 3
K23-72

在日米海軍司令部

関東大震災の後に立て替えられた旧日本海軍の横須賀鎮守府が、化粧直しされて現在も在日米海軍司令部としてそのまま使われている。現代的に化粧直しされた建物の周囲に停まるのは、日本車ばかりだ。

'66 ポンティアック・エグゼクティブ・ハードトップ
● 1971年
ゲートから入って右手の小高い丘を登っていくと司令部の建物が目の前に現れる。建物の所々につたが繁っていた。画面後方が正面玄関。エグゼクティブはフルサイズ・ポンティアックのミドルシリーズ。両隣りの車は2代目コロナだ。

'70 フォード・マーベリック ◉1972年
1年後の司令部前。マーベリックは70年にファルコンに換わって登場したコンパクトカー。隣りは63年オールズモビル。その奥はコロナ。

'68 フォード・フェアレーン 4ドアセダン ●1971年
在日米海軍司令部の正面玄関。1971年に撮影。つたが繁ってすばらしい雰囲気。しかし77年に見た時はすっかり取り払われていた。右手のフルサイズ・フォードが司令官の車であろう。1クラス下のフェアレーンは副官の車か。

'69 クライスラー・ニューポート 4ドアセダン ●1971年
在日米海軍司令部の隣りには横須賀艦隊基地司令部の建物がある。その脇にナンバープレートにCOMMANDER 7TH FLEET と書かれたクライスラーを見つけた。第七艦隊の司令官は海軍中将。フロントには三つ星マークが輝いているのだろう。在日海軍司令官は一つ下の少将だ。空母航空団長も少将。空母の艦長は大佐だ。

'69 シボレー・インパラ 4ドアセダン
●1972年
画面奥のロータリーの向こうの下方に基地のメインゲートがある。司令部前に駐車している車たち。マークⅡを含めて、トヨタ・コロナばかりが見える。

'68 シボレー・シェベル・マリブ 2ドアハードトップ ●1971年
司令部の前は大きなロータリーが2つあった。奥が司令部建物。樹木はきれいに手入れがされている。隣りの68ランブラーワゴンはOVAナンバーをつけているので、PACIFIC STARS & STRIPE紙の公用車。黒いボディに白いルーフが社用車の塗色であった。

'69 シボレー・カマロ RS ハードトップ ●1971年
RS（ラリー・スポーツ）はカマロの上級シリーズ。コンシールド・ヘッドライトが特徴。司令部の駐車場。司令部は小高い丘の上にあったので、周囲の建物の屋根は崖下に見えている。

'65 ビュイック・エレクトラ 225 4ドアハードトップ ●1972年
司令部前の駐車場。司令部建物の右手の下方には、ドライドックがいくつか存在している。造船場特有の風景が後方に広がっている。エレクトラはフルサイズ・ビュイックの上級シリーズ。GMではキャディラックに次ぐ高級モデル。

'72 フォード・ギャラクシー 500 4ドアハードトップ ●1977年
70年代のフルサイズカーは影の薄い存在となった。フォードでさえもほとんど見られなくなり、見るのは軍のスタッフカーばかりとなった。司令部の建物のはずれで。後方には2代目シボレー・モンテカルロが見える。1977年。

'74-'78 AMC マタドール・ワゴン ●1977年
ランブラー時代から連綿と続いたAMCの主力車も78年型をもって消滅した。AMC自体80年代はフランス・ルノーの車を販売して生き延びたが、クライスラーに吸収されてしまった。横須賀基地には海兵隊も駐留しており、その司令部と思われる建物前で。この車にはフラッグポールがあるから、司令官のものであろう。

'63 シボレー・シェビーⅡ 100 2ドアセダン ●1971年
基地のゲートを通り、右手の丘の上にある司令部方面に曲がらずに左手へ向かうとこの場所へ出る。右手はEXCHANGE OFFICEの案内板。左手にはドライドックが現れる。

'62 ポンティアック・ボンネビル・ハードトップクーペ ●1971年
ドライドックの入り口付近の壁には巨大な地図らしきものが掲げられていた。70年代初めに横須賀基地のドライドックは返還されて(6号ドックを除いて)有事の時のみアメリカが使用すると発表されたが、しばらくして撤回され、今日までアメリカ軍が占有している。

'68 ダッジ・ダート 4ドアセダン
●1972年
1年後の1972年の同じ場所。巨大な地図は消えていた。72年頃は日本全国の米軍基地から部隊はほとんど引き揚げたので、岩国基地を除いては空き家状態になったが、70年代中頃になるとアメリカ軍は再び戻ってきた。

ドック周辺

'68-'69 メルセデス・ベンツ 230 ●1972年
岩山に巨大クレーン、道路には軌道が敷かれている。ベンツの後方には軍用のエコノライン・ピックアップ。横須賀基地の典型的風景だろう。1972年。

2003年8月3日。上の写真を撮影したほぼ同じ場所にて。背景の山の形が変わっていないが、クレーンはなくなり艦船の姿が目立つ。駐車スペースは別の場所に確保されたようだ。ドックでは駆逐艦オブライアンと巡洋艦センチャラーズビルが公開されていた。

'74 プリムス・サテライト 2ドアハードトップ ●1977年
ほとんどの観客は用意された観光バスに乗って艦船の見学をするが、私はゲートからとぼとぼ歩いていった。人影はほとんどない。1977年5月に訪れたこの日は従業員家族のみの公開日なのでなおさらだ。

'68 ビュイック・ルセーバー・ハードトップクーペ ●1977年
60年代のフルサイズカーも時には見られた。日本車ばかりになった世界では輝いていた。後方の船はどんな船なのか。左手に砲身が見える。クレーンの上方には1776—1976年の建国200年祭の看板が残っていた。

'75-'77 フォード・グラナダ・ギア ●1977年
ダウンサイズされた高級車を目指して登場したニュールック。つまらない車だと思っていたが、けっこう売れたらしい。右手後方にはSRF（Ship Repair Factory）の看板をつけたクレーンが見える。空母ミッドウェイが横須賀母港化を決めた理由の一つがこのSRFの存在であろう。

'67 ダッジ・コロネット 440 4ドアセダン ●1972年

ダッジのインターミディエイトカー、コロネットの標準モデル。平凡なセダン。巨大な船を東京湾から複雑な入江のある横須賀港に導くには、水先案内人の仕事が重要であろう。カマボコ兵舎がなつかしい。

'74 ポンティアック・グランプリ ●1977年

空母ミッドウェイは1973年秋から横須賀を事実上の母港とした。そのミッドウェイの管理のための倉庫であろう。77年になると軍の公用トラックも日本製のダットサンになってしまった。グランプリは74年型から5マイルバンパーを装備。

'74 ダッジ・トレーズマン・バン・キャンパー ●1972年

ルーフをハイルーフにしたキャンパー仕様のバン。この手のバンもかなり見かけたモデル。VWタイプⅡキャンパーに刺激されて登場したモデルだろう。74年型からグリルが変わった。

'70 フォード F100 ピックアップ
◉1977年
4WD仕様のピックアップトラックにキャンパーシェルを載せたモデル。後方でこちらを睨んでいる外人さんがオーナーだろうか。

'74 ダッジ・コルト・ワゴン ◉1977年
日本製の左ハンドル三菱ギャランはダッジ・コルトの名で売られていた。5マイルバンパーをぶら下げている。この手の左ハンドルの日本車を、70年代中頃の米軍基地ではしばしば見かけた。後方を見学者がぞろぞろ歩いている。

'65 シボレー・ビスケーン 2ドアセダン ◉1972年
塗装が色あせてかなりやれた車。こういう雰囲気の車は日本ではなかなか見かけない。後方には横須賀基地特有の岩山がそびえ立っている。

'67-'68 インターナショナル・チルト・キャブ・トランスター ●1972年
倉庫群の前には巨大なトレーラートラックを見つけた。この手のトラックはなんといってもアメリカ製のものが重量感あるスタイルをしている。各地の米軍基地で見られた。

'74 フォード・マスタングⅡ マッハⅠ
●1977年
73年までの肥大化したマスタングは74年でいきなりサブコンパクト・サイズにダウンサイズしてしまい、驚いたものだ。流行のホワイトレター・タイヤを履いている。後方には見学者が多数休憩している。

'67 ポンティアック・ファイアバード ●1971年
岸壁に接岸されている軍艦と巨大クレーン。いかにも軍港という風景。見学者がほとんど見えない。写真のファイアバードはベーシックモデルだろう。

現在では巨大なクレーンは取り払われてしまったが、三角屋根の建物は残っている。空母キティーホークの改修作業が行われているために立ち入りは厳しく制限され、同じ場所からの撮影はできなかった。

'74 フォード・マスタングⅡ ギア ●1977年
右手が第7バース。左手に大きな船が停泊しているところは第6バース。客船のような雰囲気の船である。マスタングは74年型のダウンサイズで、ピント・ベースとなった。

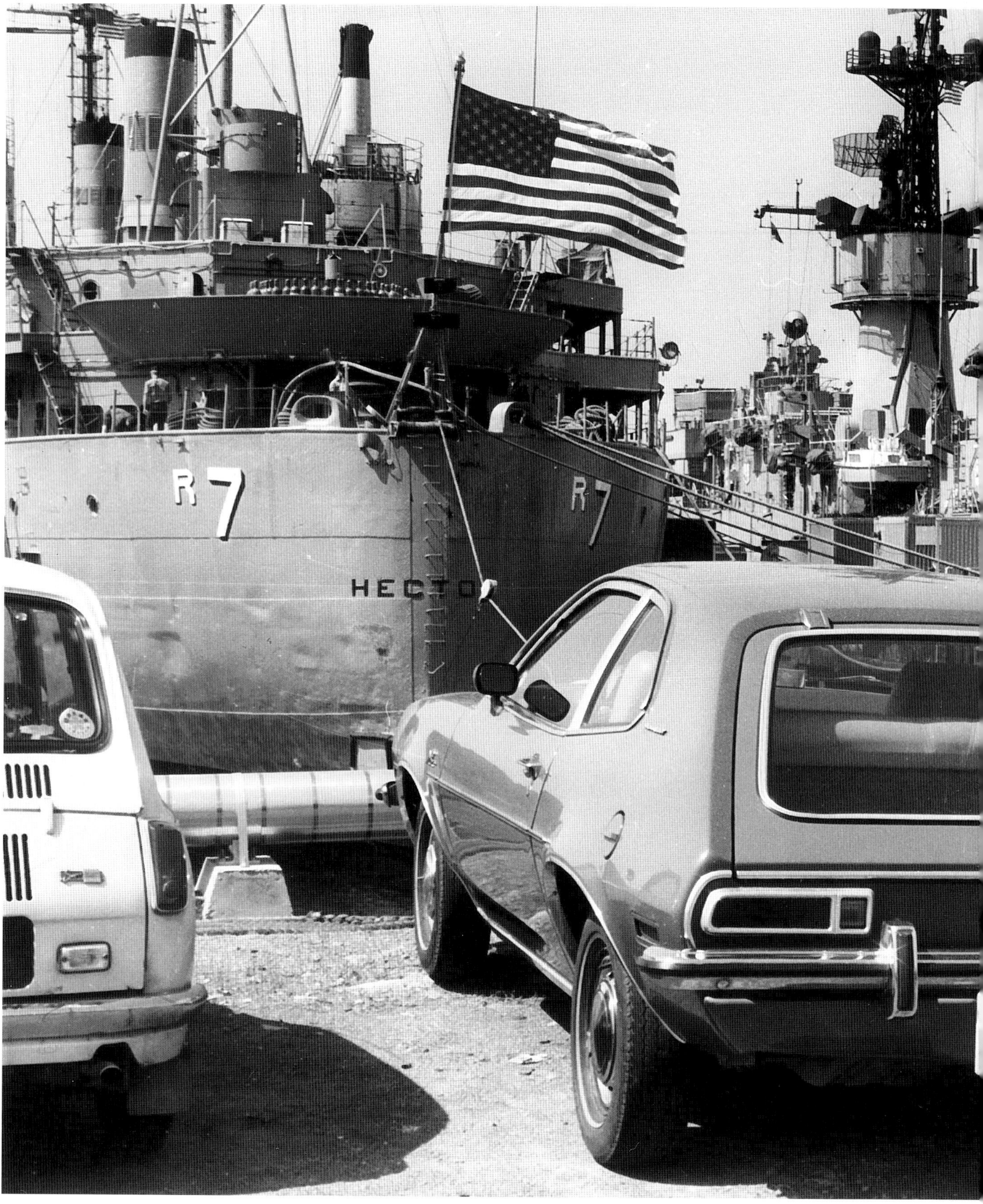
R 7
R 7
HECTO

'73 フォード・ピント 3ドアハッチバック ●1977年 第6バース前。星条旗は風になびいた形に固定されている。ピントのラナバウト・ハッチバックのリアドアのガラスは74年型より拡大された。この日は基地従業員家族限定の招待日であったので、見学者は少ない。

'75-'76 AMC ペーサー ●1977年
12号バースには空母コンステレーションが停泊していた。甲板にはF14トムキャットが数機見える。その前の空き地ではテントを張って、バザーが行われていた。観客の日本人で大混雑であった。ペーサーはAMCが放った異端車。失敗作であった。

'72 AMC マタドール・セダン
●1977年
12号バースを過ぎると道は右へ大きくカーブして6号ドライドックへ至る。写真のようにカーブ手前にSPが立っていて、ここから先は立ち入り禁止。先へ行くと岩山が迫っていてトンネルになっていた記憶がある。以前はその辺まで入れた。70年代にマタドールは軍で多数使われていた。

さまざまな施設が集まるカミッサリー

'69 AMC アンバサダー SST ワゴン ●1971年
ウッディ・サイドパネルをつけた上級ワゴン。アンバサダーはホイールベースを延長したAMCのフルサイズ級の車種。ネイビー・エクスチェンジの前には日本人の観客ばかりが写っている。

'70 シボレー・ノバ 2ドアクーペ
●1972年
ノバは68年から74年まで、このボディスタイルだった。70年までフロント・ホイールアーチの後方にルーバーがあった。ネイビー・エクスチェンジの足車はスバル・サンバーだったようだ。

'65 キャディラック・ドヴィル・セダン ●1972年
縦4つ目のヘッドライトは65年型から68年型まで続いた。ハードトップのように見るが、ピラーつきのセダン。右手奥には
エコノライン・ピックアップも見えるが、左手には三菱のセダンがみえるので、日本的になってしまう。キャディの奥には
人気のフェアレディZの姿も見える。

'70-'71 AMC グレムリン ●1972年
ホーネットのホイールベースを短縮(108→96インチ)して、ガラスハッチのリアドアを設けたサブコンパクトカー。といっ
ても全幅はホーネットのままだから異様なスタイルをしていた。後方は初代コルベアのセダンも見える。この奥のピックア
ップはインターナショナルか。ここでもフェアレディZが目立つ。

'48 ウィリス・ジープスター・フェートン ●1972年
初代のジープスターは4WDではなく2WDのスタイリッシュなコンバーチブル。生産台数もそれほど多くなかった。こんな古い車を持ち込む趣味人の水兵もまだ見られたのは驚きだった。

'67 オールズモビル 98 ホリデー・クーペ ●1972年
ホイールベース126インチの巨大なフルサイズカーのクーペ。キャビンは全長の半分くらいしかない。70年代前半までフルサイズカーの巨大化は続いた。

シボレー・ステップ・バン ●1972年
テレビニュースでアメリカの街角が映るとよく見かけたこのバンは、軍でも数多く使われていた。ネイビー・エクスチェンジの車が3台並んでいた。写真の車は70年代以降のモデル。60年代はグリルが少し異なっていた。

'62 プリムス・バリアント V200 4ドアセダン ◉1971年
初代バリアントの最後のモデル。エグスナーの好みが強く出た個性的なスタイルをしていたが、63年型はオーソドックスな形に変えられた。画面奥は横須賀新港。左手奥の対岸は三笠公園があった。

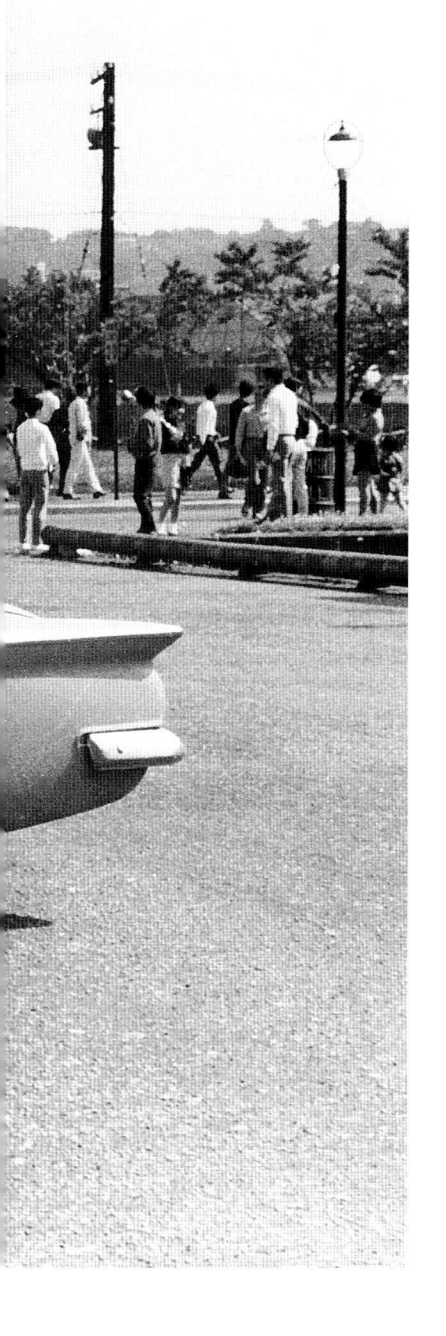

'71 フォード・ピント ●1971年

1971年5月。初めてサブコンパクトカー、ピントと出会ったのがこの日。小さなアメリカ車時代に突入したことを思い知らされたのであった。この車にはもう一度、数年後に大和市の南林間の外人ハウスの前で出会った。199のナンバーが懐かしかった。バーキーフィールドにはフットボール場を始め、さまざまな施設があった。

'70 シボレー・マリブ・ハードトップクーペ ●1971年

後方にずらりと並んでいるコロナは場内タクシー。これは71年に撮ったものだが、77年に訪れた時は75年型のコロナにチェンジされていた。東京の横田基地では70年代初めはまだダッジ・コロネットを用いていた。

建物は建て変わっていたが、MINI MARTの名は残っていた。レストランなどが並んでいる。

'73 ボルボ 164 ●1977年
ボルボの上級シリーズが164シリーズ。フロント部分のデザインが異なっていた。6気筒3ℓエンジンを装備。日本車ばかりで、アメリカ車はコンパクトカーのマーベリックとホーネットが見える。

'73-'74 ダッジ・チャージャー SE ●1977年
73～4年のチャージャーのSEモデルはリア・サイドウィンドーにデザインの特徴があった。チャージャーのこのスタイルは74年型までで、75年型はクライスラー・コルドバと同じボディになった。77年のネイビー・エクスチェンジ前駐車場は日本車ばかりだ。右手のセリカは対米輸出仕様の左ハンドル車。入り口付近にコロナの場内タクシーが見える。

ハウジングエリア

'69 リンカーン・コンチネンタル ●1971年
基地内のハウジングエリアはとても贅沢な住宅地だった。きれいに整備されていて、箱庭のようだった。当たり前のように右側駐車している。こういう風景は見てはいけなかったのかもしれない。入場できたのは71年に行ったときが最後で、その後このハウジングエリアは立ち入り禁止になった。思いやり予算で維持されていると思うと、複雑な気持ちだ。

'66 ポンティアック・ボンネビル・ハードトップクーペ ◉1971年
住宅エリアは3種類くらいの同じ規格の家ばかりが建ち並んでいたので、個性は感じられなかった。しかしいかにもアメリカという風景であった。現在もあると思うが、その前の車は古い日本車になっていることだろう。

'69 シボレー・カマロ・ハードトップクーペ ◉1971年
2階建て二世帯住宅。庭先には子供自動車が無造作に置かれている。写真のカマロはスタンダードタイプ、黒タイヤに小さなハブキャップ。ストライプはオプション。

ジャガー Eタイプ・クーペ ◉1971年
住宅地の一角にヨーロッパ車が2台。Eタイプは本国仕様の右ハンドル。米軍基地で見るのはほとんど左ハンドル仕様であった。隣りは60年代初期のいわゆる"ハネベンツ"。

'70 シボレー・シェベル・マリブ・ハードトップクーペ ◉1971年
ハウジングエリア内にある二世帯住宅。中央部分に玄関が2つあった。落ち葉一つないほどきれいに手入れされている。このマリブも右側駐車だ。横浜33Eナンバーは70年4月から登場した。

'66 プリムス・バリアント V100 4ドアセダン ◉1971年
住宅の前で、右側駐車していたバリアント。63〜66年まで続いた2代目バリアントの最後の姿。写真は下位シリーズで、2ドアセダンと4ドアワゴンも存在した。

'63 オールズモビル 98 ホリデー・クーペ ◉1971年
フルサイズ・オールズモビルの上級シリーズが98。98のクーペはなかなか出会えない車だった。63〜4年型は角張ったスタイルをしていた。私は61年型の98クーペのスタイルが気に入っていたのだが、実物を一度も見ることはなかった。

'67 ビュイック・エレクトラ 225 ハードトップセダン ●1971年
67年よりモデルチェンジをして、ウェストのくびれたコークボトル・ラインとなった。エレクトラはキャディラックに次ぐGMの高級車。キャディラック嫌いの人々が購入したようだ。

'69 ビュイック・エレクトラ 225 ハードトップクーペ ●1971年
2階建ての二世帯住宅の前に置かれていたこちらはハードトップ・クーペ。ホイールキャップがついていないのが残念であった。下位シリーズのファストバック・クーペとは異なり、キャディラックと同じような角張ったフォーマルルーフをつけていた。

'68 ダッジ・ダート 270 ハードトップ クーペ ◉1971年
68年ダートのハードトップ・クーペはこの270とGTA、GTSの3シリーズに用意されていた。当時のダートはクライスラー社の人気車であった。隣りは'60サンダーバード、後方にはボルボ144。

'67-'72 ジープスター・コマンド・ステーションワゴン ◉1972年
初代ジープスターのイメージを踏襲し67年に復活した4WDのユーティリティ・ビークル。インターナショナル・スカウトの成功に刺激されて登場させたものだろう。コンバーチブルもあった。この車そのものは写真撮影後、数年して『カーグラフィック』の売買欄で売り出されていた。サイドマーカー・ランプがあるから、68年以降のモデル。カイザーではなく、たぶんAMC時代の車であろう。

'67 クライスラー・ニューポート 4ドアハードトップ ◉1972年
木漏れ日の下でひっそりと駐車していたクライスラー。この年代のクライスラーは典型的スリーボックスのクリーンなスタイルのセダンであった。ニューポートは下位シリーズ。

94

'70 プリムス・バラクーダ・コンバーチブル ●1972年
バリアント・ベースであったバラクーダは70年にフルモデルチェンジして、ライバルのカマロやマスタングと同じジャンルに挑戦した。同じダッジ版のチャレンジャーも登場した。後方は住宅街が広がっているが、この写真を撮った72年からは出入り禁止になってしまった。VWスクエアバックやインパラやファルコンが見える。

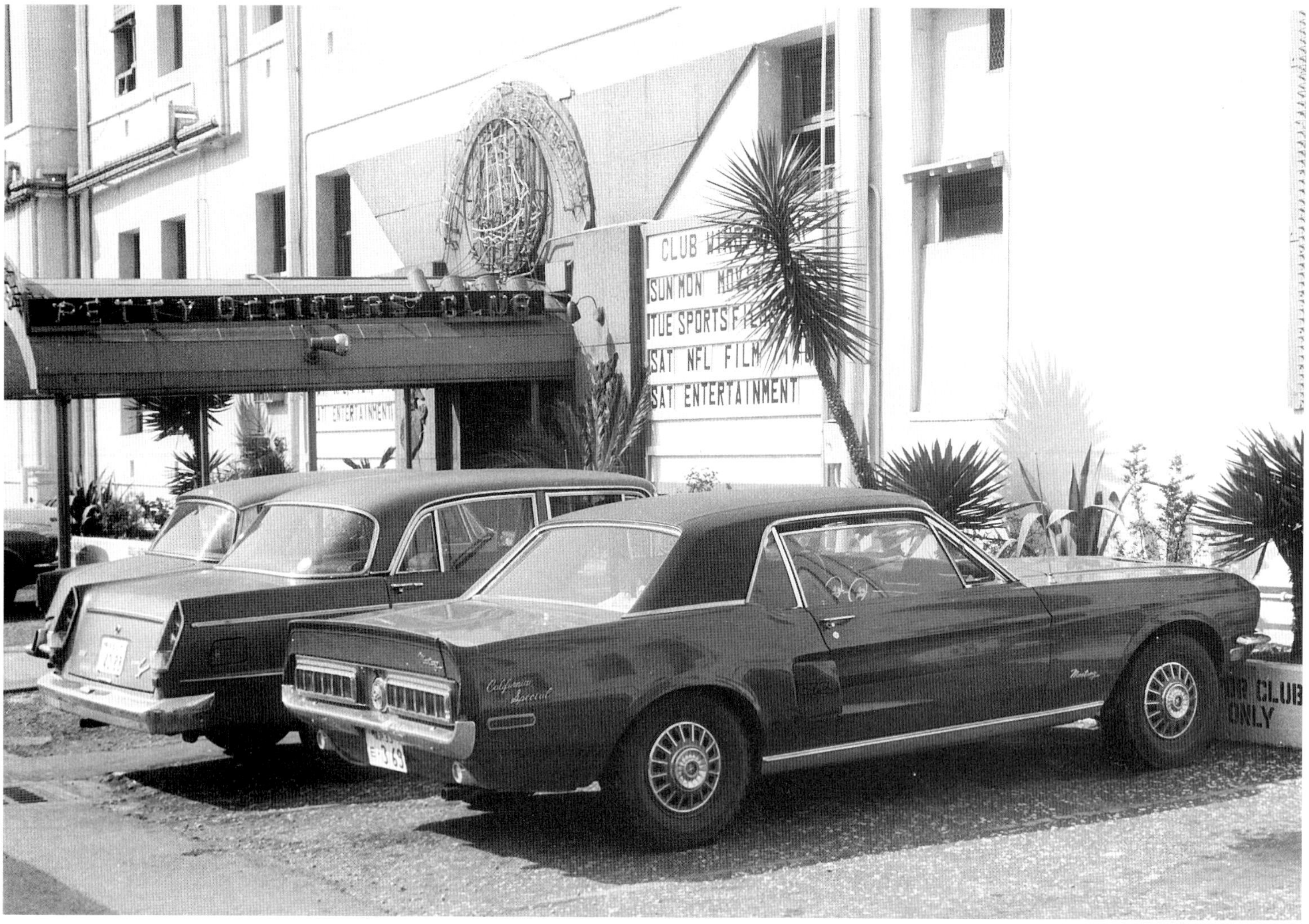
SAT ENTERTAINMENT

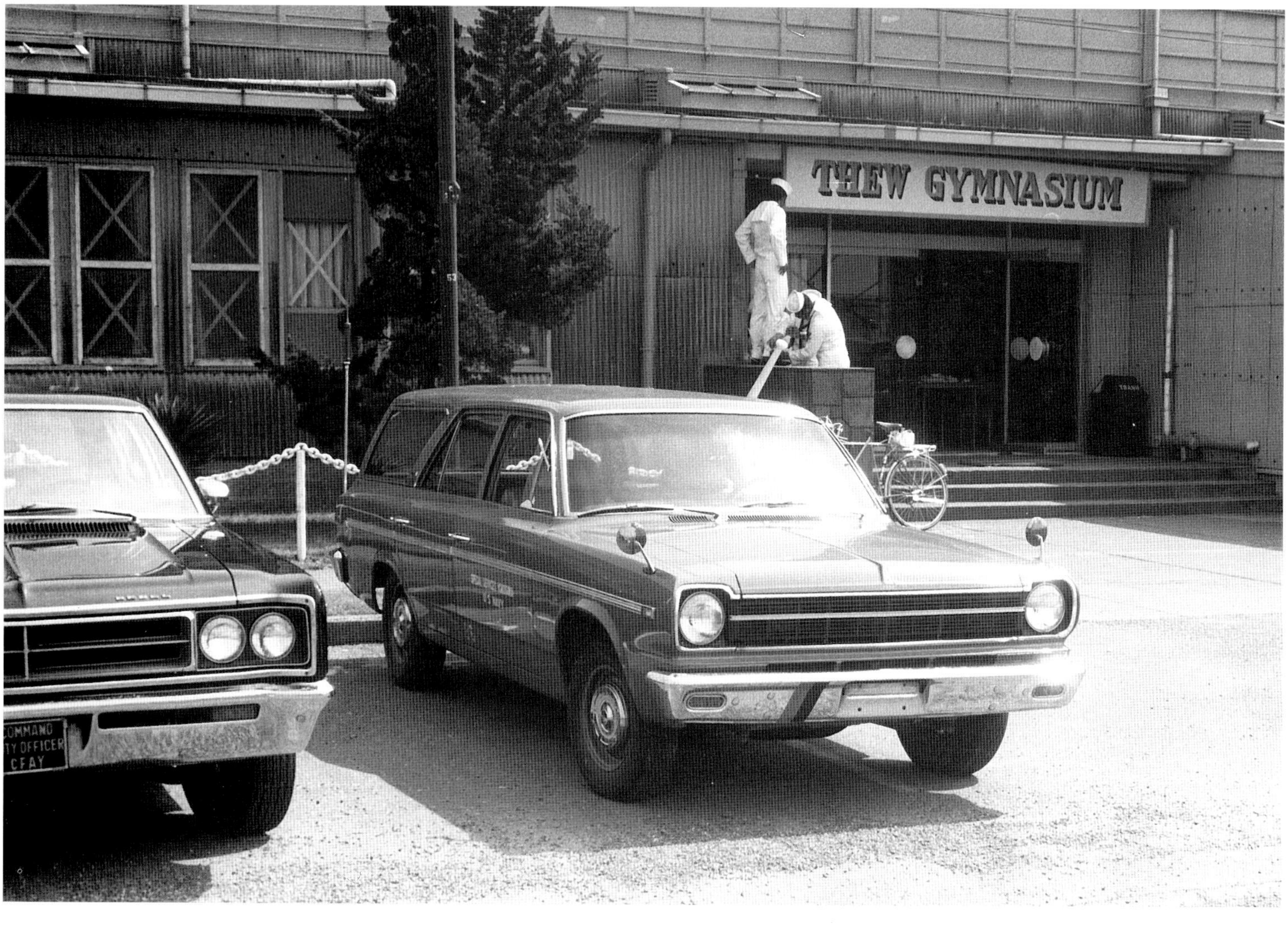
THEW GYMNASIUM

'68 フォード・マスタング・カリフォルニア・スペシャル ◉1972年
下士官クラブ前に変わったマスタングを見つけた。シェルビー・マスタング・コブラと同じリアエンドをしたハードトップ・クーペ。シェルビーGTはファストバック・タイプのみであったが、よく見るとシェルビーではなくリアにCalifornia Specialと書かれていた。

'69 ランブラー・アメリカン440 ワゴン ◉1972年
CFAY（COMMANDER, FLEET ACTIVITIES YOKOSUKA）横須賀艦隊基地司令部の司令官の車と思われるランブラー・クラシックと69ランブラー・アメリカン。スー体育館内では、バレーボール等の親善試合が行われていた。

'71 ダッジ・カスタム・スポーツマン・ワゴン ◉1972年
ワンボックスのA100に換わって登場した1.5ボックスワゴン。ホイールベース109インチと127インチの2種類あった。写真の車は後者、後方は映画の看板が見える。クラブ・アライランス（兵員クラブ）の映画館。

'65 シボレー・インパラ SS ハードトップクーペ ◉1972年
映画館の前から反対側を撮る。後方は教会の塔が見える。このインパラは7年を経ているが新車のような輝きをもっていた。SSはスーパー・スポーツの略。

左ページの写真でランブラー・ワゴンの背景にあるのはスー（筋肉）体育館。現在でも同じ場所に運動施設があるが、今では"フィットネス・センター"と名を変えている。

'70s ダッジ・ピックアップ・トラック ●1977年

映画館はベニー・デッカー・シアターと呼ばれていた。その前にはダッジのピックアップ・トラックが駐車していた。77年になると残念ながら、周囲の車は日本車ばかりになった。ダッジのピックアップは、クラブキャブやクルーキャブもあった。4WD版はパワーワゴンと呼ばれていた。

ベニー・デッカー・シアターの現在。「パイレーツ・オブ・カリビアン」を上演中だった。駐車スペースは開放され、子供用の遊具が並べられていた。

'61 フォード・ファルコン 2ドアセダン ◉1972年

10年前の車も現役で働いていた。ファルコンは60年に登場し、ビッグスリーのコンパクトカー中ではヒット作となった。61年型はグリルが変わった。隣りにはなぜかダイハツ・ミゼットが駐車していた。アメリカ人のTOYだったかもしれない。

'67 シボレー・シェベル・マリブ 4ドアセダン ◉1972年

平凡なシボレーのインターミディエイトのセダン。50年代前半のフルサイズ並みの大きさ。ビルの入り口にSPECIAL SERVICESとあるが、どういう施設なのだろう。

'70 フォード F100 スタイルサイド・ピックアップ ◉1972年

軍で多用されていたF100のピックアップトラックは荷台にシェルを載せている車もあった。しかし70年代後半になるとこれらの車もダットサンやいすゞ・ファスター等の日本車に取って代わった。後方の山の上にはNAVAL WEATHER SERVICEと書かれた建物が見える。

'73 フォード・ギャラクシー 500 4ドアセダン ●1977年

エクスチェンジの駐車場。右手がエクスチェンジの建物で、奥にはアンティークショップが見える。左手奥へ進むとバーキー・フィールドと呼ばれた運動施設が広がっていた。ギャラクシー500はフルサイズ・フォードの下位シリーズ。LTDとグリルデザインが異なっていた。

'70 AMCジャベリン SST ●1972年

基地のメインゲートを入ったところ。画面奥がゲート詰め所。右手の建物がクラブ・アライアンス。コンパクトカーが3台並んでいた。ジャベリンの70年型はあまり見かけなかった。

'66 ポンティアック・グランプリ ◉1972年

グランプリはポンティアックのスペシャルモデルとして62年に登場した。63年型よりリアウィンドーが凹型をしていた。隣りは67フォード・ランチワゴン。後方には左ハンドルのマークⅡワゴンが見える。SEA HAWKSは横須賀基地のフットボールチーム。この写真は72年のものだが、77年の時は横田レイダースと試合をしていた。

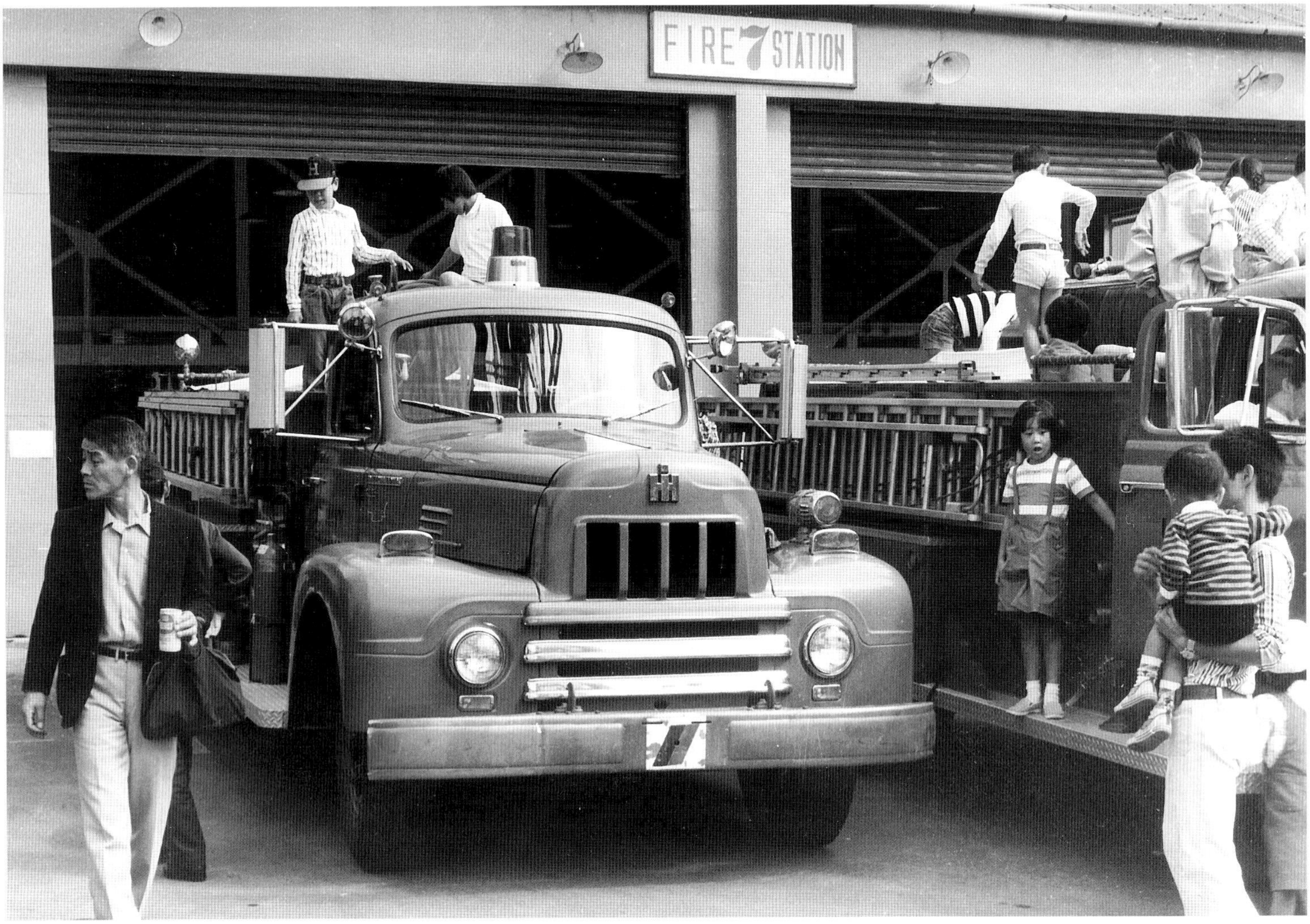
FIRE 7 STATION

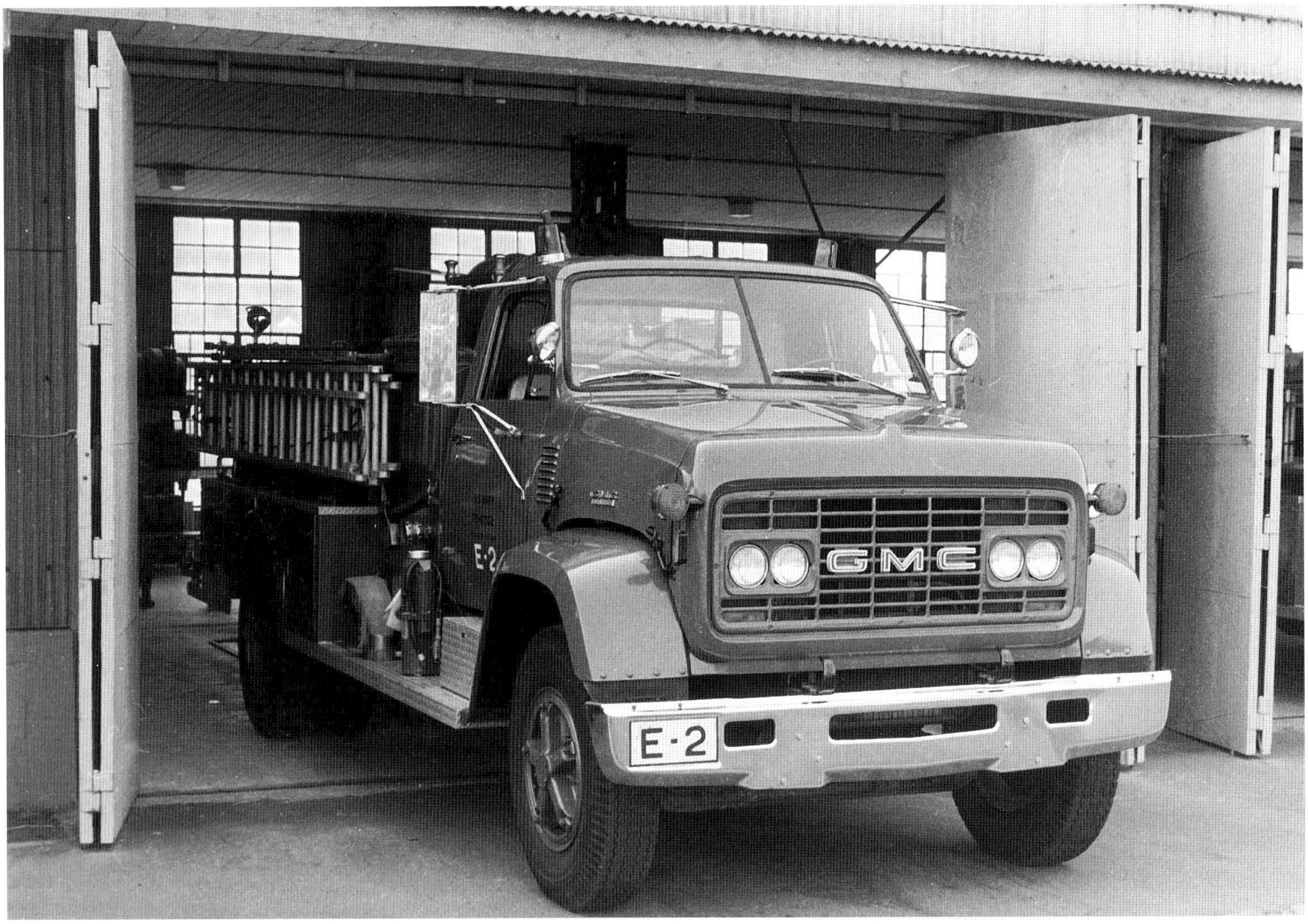
GMC
E-2
E-2

'50-'52 インターナショナル製消防車 ◉1977年
四半世紀前の消防自動車が現役として展示されていた。消防自動車の展示は、各基地のオープンハウスの目玉の一つであった。

'68-'69 GMC製消防車 ◉1971年
こちらは71年に撮影した当時の最新型の消防車。GMCはシボレーとの双子車であるが、GMC版の方がダイナミックであった。

'70 プリムス・ベルベデレ・ワゴン ◉1971年
プリムスのインターミディエイトカー、ベルベデレの名は下位シリーズにのみ残っていたが、この70年型で消え、以降はサテライトが中心となった。エクスチェンジの車も他の軍用車と同様にナンバープレートは使っていなかった。空軍基地の車はOVナンバーをつけていたが。

'66 ビュイック・スカイラーク・ハードトップセダン ◉1971年
ビュイックのインターミディエイトカー、スペシャルの上級シリーズがスカイラーク。66年型で初の4ドアハードトップが登場したが、クーペより生産台数は少なく、見る機会は少なかった。横須賀基地にもカマボコ兵舎があった。

'67 ランブラー・アメリカン 220 ステーションワゴン ●1971年
下位シリーズのワゴン。シャチの装飾品がグリルについている。フロントウィンドーには65年から71年までのUSFJのステッカーが貼られている。4年間日本に駐留している証。後方のクレーン群は山の向こうの12号バースか。

'58 ジープ・ステーションワゴン ●1971年
47年から造り続けられているジープ・ステーションワゴンは、58年型からフロントウィンドーがワンピースになった。62年頃まで造られたが、63年にワゴニアに取って代わられた。

'67 シボレー・カマロ・ハードトップクーペ ●1971年
崖の上から撮ったショット。カマロは67年型から登場したが、写真の車はスタンダードモデル。何もついていないようだ。隣りも67年型のプリムス、その隣りはネイビー・エクスチェンジのスバル・サンバー。

'60 プリムス・サボイ・クラブ・セダン ●1971年
60年型はプリムスのテールフィンが最大になった。サボイの2ドアセダンがフルサイズ・プリムスの中で最も大きいテールフを持つ。サボイの2ドアセダンがフルサイズ・プリムスの一番安価車。横須賀基地は施設のすぐそばに岩山が迫っている。

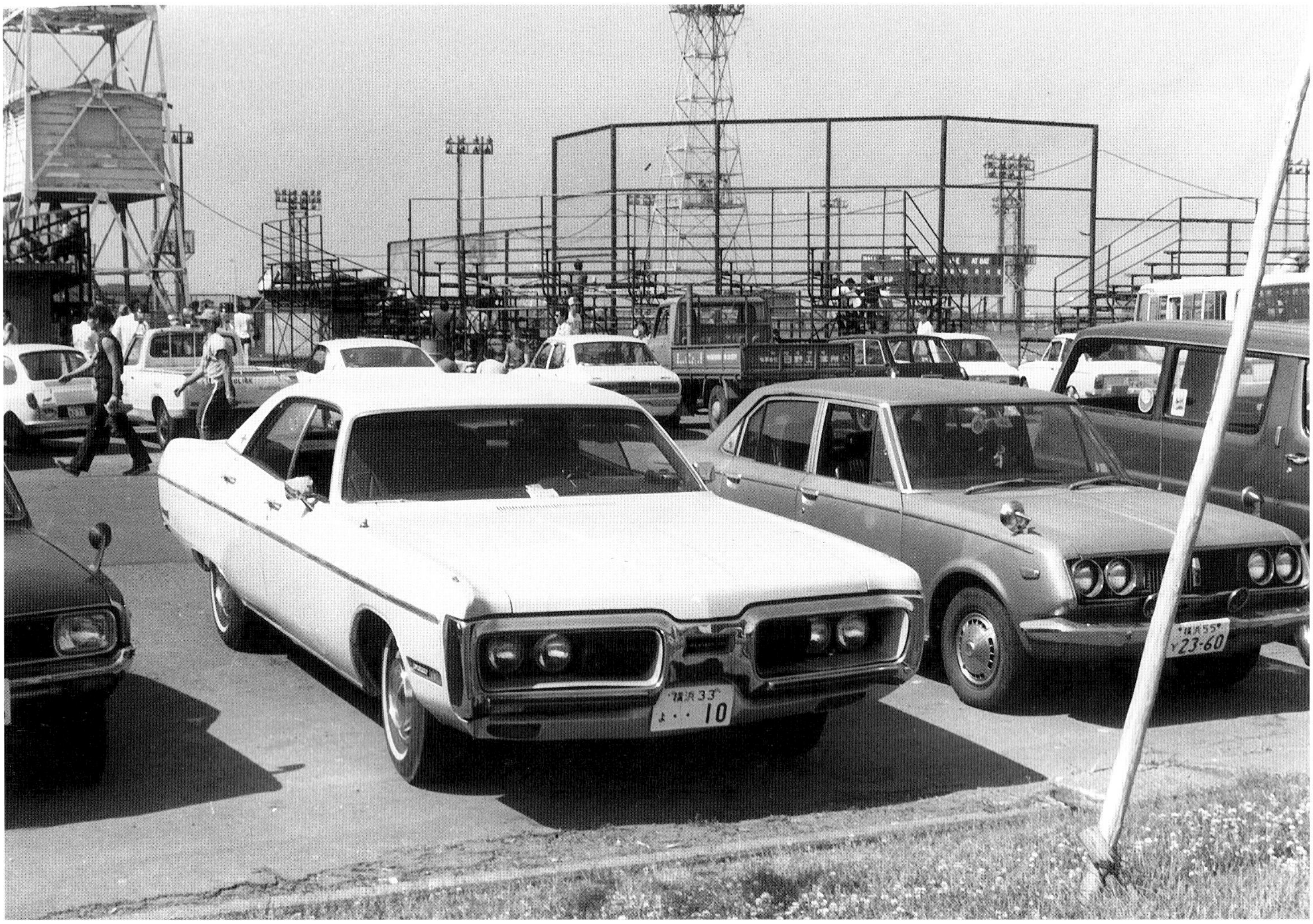
横浜33
よ・・10
横浜55
Y 23-60

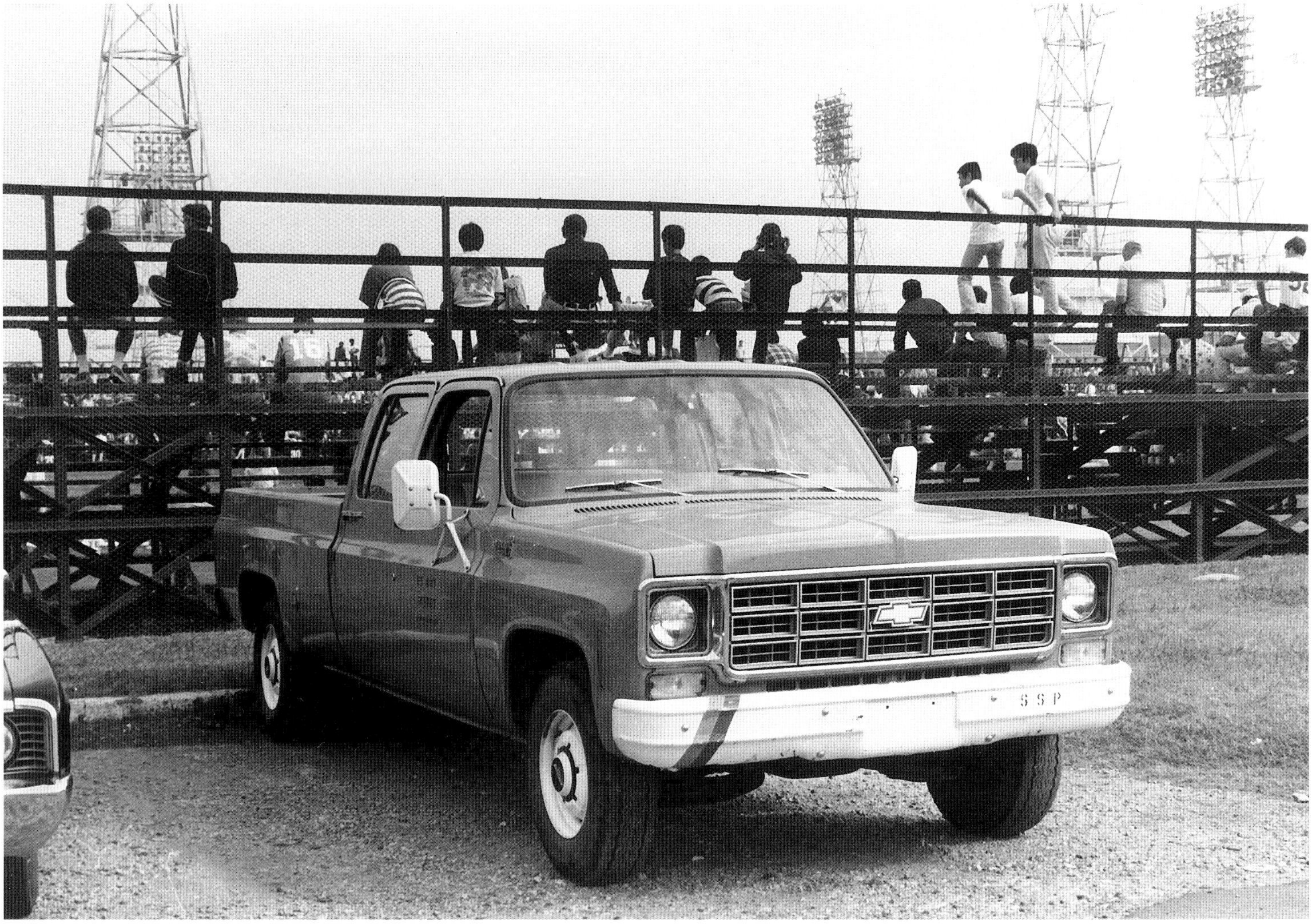
SSP

'66 オールズモビル F-85 デラックス・ステーションワゴン ◉1971年
F-85の普通のステーションワゴン。ホイールベース115インチだが、後部ルーフが2段になったヴィスタクルーザーは120インチであった。後方で観客が楽しんでいるのはパターゴルフ。その奥はフットボール場。道路の右側に住宅エリアが広がっていた。

'72 プリムス・フューリーⅢ ハードトップ・セダン
◉1977年
周囲の車は日本車ばかり。基地外で撮影といっても解らない時代になっていた。「よ」ナンバーは退役軍人が無為替輸入車(Eナンバー)を引き続き乗っていた場合のナンバー。

'77-'78 シボレー・クルーキャブ ◉1977年
最新型フルサイズのピックアップ・トラック。クルーキャブも軍で多く使われていた。現在でもほとんどこのスタイルで進化していないようだ。

'67 プリムス・フューリーⅢ 4ドアセダン ◉1972年
平凡なフルサイズ・プリムスの4ドアセダン。典型的なスリーボックスのセダンで、リアオーバーハングがやたらと長い。

左ページのグランドの現在。施設は整備されて、様子はだいぶ変わったが……。この日も野球の試合をやっていた。

'74-'76 フォード・トリノ・ステーションワゴン ●1977年
下位シリーズのステーションワゴン。軍の公用車。隣りのトヨタのハイエースに書かれている、オクラホマシティーは当時の第7艦隊の旗艦巡洋艦の船名。

'70-'71 ダッジ D-100 ピックアップ ●1977年
ネイビー・フレンドシップデーの公用車。このボディスタイルの61〜71年まで10年以上使われた。60年代の米軍基地で多数使われていたようだ。

'65 フォード・サンダーバード・ランドウ・ハードトップ ●1971年
4代目サンダーバードは64年に登場した。65年型はマイナーチェンジでグリルが変わった程度。V8・300馬力エンジン。リアフェンダーのスカートが変わっている。

'72–'73 インターナショナル・トラベレッテ ●1977年

50年代末にインターナショナルが開発した6人乗りピックアップ。61年にはダッジが70年にはフォード、73年にはシボレーも同じタイプを売り出した。この結果か否か、インターナショナルは75年をもってピックアップ市場から撤退してしまった。60年代の米軍基地では、ダッジとこのインターナショナルのクルーキャブをよく見かけた。

'72 ポンティアック・ボンネビル・ハードトップセダン ●1977年
70年代以降のフルサイズカーはシボレー、フォードを除いてはほとんど米軍基地で見かけることはない、レアカーになった。見られるアメリカの車はコンパクトやサブコンパクトが多くなり、70年代後半に入るとほとんどが日本車になった。80年代に入れば、基地はアメリカのショーウィンドーではなくなった。

トライアンフ TR6 ●1971年
70年代に入ると、米軍基地でヨーロッパ車を見かける機会はもうなくなった。特にイギリス製のスポーツカーはダットサン240Zに押されて、アメリカ市場でも負け犬になっていたようだ。

ダットサン B210 2ドアセダン ●撮影日不明

教会前に左ハンドルのサニーの2ドアセダンを見つけた。最もガソリン消費の少ない車、そして安価な車として、さらに簡素化されたハニービーというモデルもあった。アメリカ仕様なので、左側に1つのドアミラーがあるのみ。右側にはない。この頃になると、右ハンドルの日本車に混じって左ハンドルの対米輸出仕様の日本車を米軍基地内でもしばしば見かけるようになった。70年代中頃は、アメリカ市場に日本車が押し寄せた時代の始まりであった。

'73 ダッジ・モナコ・ワゴン ●1977年

ウッドパネルを張ったダッジの高級ワゴン。72年型もほぼ同じスタイル。日本の軽自動車に乗る米兵もいた。そのミニカをはじめ、1977年になると周囲は日本車ばかりで、ベースというより日本のどこかの会社の工場裏といった雰囲気になってしまった。

1970年代 横浜・横須賀外車ストリート
　よこはま　よこすか　がいしゃ

2003年11月25日　初版発行

著者　　高木紀男（たかぎ のりお）

発行者　渡邊隆男

発行所　株式会社 二玄社
　　　　東京都千代田区神田神保町2-2　〒101-8419
　　　　営業部＝東京都文京区本駒込6-2-1　〒113-0021
　　　　　　　　電話 03-5395-0511
　　　　　　　　URL http://www.nigensha.co.jp

製版　　大森写真製版所

印刷　　図書印刷

製本　　丸山製本

ISBN4-544-04089-2

©Norio Takagi, 2003
Printed in Japan

JCLS ㈱日本著作出版権管理システム委託出版物
本書の無断複写は著作権法上の例外を除き禁じられています。複写を希望される場合は、そのつど事前に㈱日本著作出版権管理システム（電話 03-3817-5670, FAX 03-3815-8199）の許諾を得てください。